黄金比
秘められた数の不思議

THE GOLDEN RATIO
The Divine Beauty of
Mathematics

❖

ゲイリー・B・マイスナー

赤尾秀子 [訳]

黄金比
秘められた数の不思議

THE GOLDEN RATIO
The Divine Beauty of
Mathematics

❖

ゲイリー・B・マイスナー

赤尾秀子 [訳]

創元社

The Golden Ratio : The Divine Beauty of Mathematics
by Gary B. Meisner

Text © 2018 Gary B. Meisner

Japanese translation rights arranged with
Quarto Publishing Group USA, Inc.
through Japan UNI Agency, Inc., Tokyo

本書の日本語版翻訳権は、株式会社創元社がこれを保有する。
本書の一部あるいは全部についていかなる形においても
出版社の許可なくこれを使用・転載することを禁止する。

目次

序章
7

第Ⅰ章 黄金の幾何
15

第Ⅱ章 黄金比とフィボナッチ数
37

第Ⅲ章 神聖なる比
55

第Ⅳ章 黄金の建築とデザイン
91

第Ⅴ章 黄金の生命
143

第Ⅵ章 黄金の宇宙？
181

補遺
207

A：黄金比への反論
208

B：黄金比の作図
212

出典および参考文献、ウェブサイト
216

索引
221

出典
223

序　章

　たったひとつの数が、2000年以上に渡って人びとの想像力を刺激してやまないのはなぜだろう？　古代ギリシアの数学者や惑星の運動法則を発見した科学者の著作、20世紀の建築、さらには映画化されたミステリー小説にもこの数字が現われるのはなぜか。古代の偉大な建築物、ルネサンスの名画、20世紀に発見された準結晶──時代を問わず、顔をのぞかせるたったひとつの数。しかもその現われ方、使われ方に関しては、異なる意見が対立し、議論の的となっている。

　そんなことはとっくにわかっている、あれこれ説明されるまでもない。と、思う人はいるだろう。黄金比は古くから話題にされ、目新しくもなんともない。いまさら何をいいたいんだ？　そう感じる人たちは、現実を知ったら驚くにちがいない。技術は発展の一途をたどり、知識は広く深くなり、つねに新たな発見がある。たとえば、DNA型の鑑定技術が進歩して、過去の判決がくつがえったりするだろう。黄金比に関しても同様に、長年の定説に潜む欠陥や不完全さを最新技術が明らかにし、ときに大逆転の判決を下したりする。この場合、牢獄から解放されるのは私たちの"思い込み"であり、何かを信じ、他を受けつけないことは、それ自体が一種の閉鎖空間といっていい。解放されて外の広い世界を知って初めて、そのことに気づくのだ。

閉鎖空間から抜け出すツールには、インターネットをはじめ、最新技術を搭載した高速のアプリケーション、国境を越えた情報交流がある。インターネットの利用率を見ると、1997年では先進国で11％、世界全体ではわずか2％でしかなかった[*1]。2004年になっても、米国のネットユーザの大半は低速のダイヤルアップ接続で[*2]、ウィキペディアの項目数は2017年の5％以下だった[*3]。私は2001年にGoldenNumber.netを立ち上げ、2004年には数秒で画像解析できるソフトウェアPhiMatrixを開発した。いまでこそ、解析可能なデジタル画像はあふれるほどあるものの、5〜10年前までは、その多くが高解像度で見ることなどかなわなかった。本書でお伝えする内容は、世界各地のネットユーザの協力があってこそのものだが、私たちがこうして繋がりあえるようになったのはつい最近のことでしかないのだ。いいかえると、ほんの10年か20年前に書かれた黄金比の文献がじつは不十分だったと証明されることもあれば、本書の内容が10年か20年後には先端技術や新情報から疑問を呈されるかもしれない。

　本書が読者のみなさんの——数学者であれデザイナーであれ、黄金比の熱烈ファンか否かを問わず——好奇心をかきたて、知識を増やし、これまでとはまたひとつ違った視点で黄金比をながめるきっかけになればと願ってやまない。また、呼び名は異なれど、さまざまな時代、さまざまな地域において、賢人たちがこの一風変わった、しかし普遍的な数にいかに魅せられたかを感じ、熱い思いを共有していただければと思う。

ユークリッドの『原論』第2巻命題5の図が描かれた、西暦100年頃のパピルス（エジプトのオクシリンクスで発見）。『原論』で"外中比"が最初に登場するのは第6巻の定義と命題30

8　序　章

Φとは？

　まずは基本的な部分を確認しておこう。それからこの不思議な数にかかわった古今の人びとを知り、過去数千年にわたってどこに、どのようなかたちで使われてきたかを探る旅に出たいと思う。

　黄金数は無理数、無限小数だが、近似値1.618で表わされることが多い。実用面では近似値でもさして大きな問題はなく、何行にもわたって書く必要も、読む必要もない。円周率としてなじみのある数3.14はギリシア文字π（パイ）で表わされるが、同様に1.618にもギリシア文字Φ（ファイ）が使われる。ただ、これは20世紀以降のことで、Φにかぎらずτ（タウ）が用いられることもある。また、1：1.618を黄金比と呼ぶが、黄金平均や黄金分割といった言葉も使われ、時代をさかのぼれば"神聖なる"比とさえ形容された。

　この"神聖なる""黄金の"比は類のない数学的性質をもち、幾何学の世界はもとより、自然界のいたるところで見られる。ただ、学校でπについては勉強しても、Φまで学んだ人ははたしてどれほどいるだろうか。理由のひとつはおそらく、Φを理解するのは学問の域を超え、超自然的世界に踏みこむような錯覚を覚えるからだろう。しかし現実にΦは、日常の身近なものや美術、建築のさまざまな場所に潜んでいる。だがまずは最も基本的な、幾何学の分野におけるΦから見てみよう（なお、一般に大文字Φは1.618を、小文字φはその逆数（0.618）を示す）。

いつ"黄金"になったのか？

1800年代まで、黄金比は"黄金"ではなかった。ドイツの数学者マルティン・オーム（1792～1872年）が『初等純粋数学』（第2版、1835年）で"黄金分割goldener schnitt"という言葉を用いたのが最初だと考えられ[*4]、英語の"黄金比golden ratio"は1875年の『ブリタニカ百科事典』で初登場した。ただし事典の項目は、ジェイムズ・サリー執筆の美学関連で、数学的な意味合いで使われたのはそれから約20年後、スコットランドの数学者ジョージ・クリスタルの『代数学入門』である（1898年刊）[*5]。

歴史をさかのぼれば、黄金比に初めて言及したのは古代ギリシアの数学者ユークリッド（エウクレイデス）で、同時にこれが最も優れた説明といえるだろう。数学書『原論』第6巻には次のようにある。

「線分を不等な部分に分けたとき、

全体と大きい部分、

大きい部分と小さい部分の比が等しくなるとき、

外中比に分けられたという」[*6]

いったいこれのどこがすごいのか？　例を挙げて進めよう。線分はどこで分割してもかまわないが、もし半分にしたら──

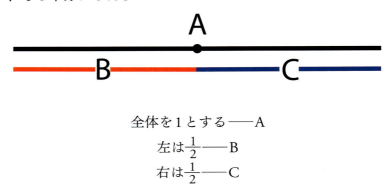

全体を1とする──A
左は$\frac{1}{2}$──B
右は$\frac{1}{2}$──C

ここで、A：Bは2：1、B：Cは1：1。

では、違う場所で切ってみよう。たとえばチョコレート・バーをあなた（B）と私（C）で分けあい、私は遠慮をするタイプなので3分の1だけいただくことにする。

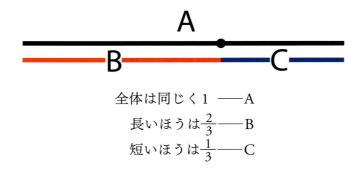

全体は同じく1 ──A
長いほうは$\frac{2}{3}$──B
短いほうは$\frac{1}{3}$──C

ここで、A：B＝3：2、B：C＝2：1。

もし私がもっと少なく4分の1だけ取れば、A：B＝4：3、B：C＝3：1になる。そしてもし10分の1なら、それぞれの比は10：9、9：1。

線分を異なる場所で分割すれば、それに応じてA：Bも異なるのは当然で、A：B＝B：Cには（おそらく）ならないだろう……。

ところが、1か所だけ例外があるのだ。2000年以上も前にユークリッドが見つけ、驚嘆して記した個所では、A：B＝1.618：1、かつB：C＝1.618：1になる。

これがほかにはない黄金比の特徴である。つまり全体（A）と長い線分（B）の比が、長い線分（B）と短い線分（C）の比に等しい。いいかえると――

$$\frac{A}{B} = \frac{B}{C}$$

Φの数学的特性はこれにとどまらない。たとえば、1÷1.618＝0.618のように、逆数が元の数から1を引いた数になる。

$$\frac{1}{\Phi} = \Phi - 1$$

さらに、二乗すると元の数より1大きくなる唯一の数でもある（$1.618^2 = 2.618$）。

$$\Phi^2 = \Phi + 1$$

なぜΦとその性質が、数学的面白さ以上に興味をそそるのか。それを知ってもらう一助として、PhiMatrixを紹介したい。私が2004年に開発し、2009年にバージョンアップしたソフトで、これをつくるためだけに、私は54歳でオブジェクト指向プログラミングを学んだ。いまでは70を超える国々で、情熱と才能のある芸術家、デザイナー、写真家たちが利用してくれている。PhiMatrixを使えば、どんな画像でも黄金比を見つけたり用いたりするのが容易になる。例として、先ほど分割した線分に、PhiMatrixのグリッド線（緑色で示す）を重ねてみよう。

縦のグリッド線が黄金比の点に交わることが、ひと目でわかる。本書でも、黄金比を容易に視認できるよう、図版に適宜グリッド線を重ねている。

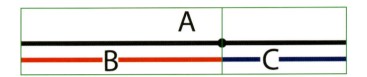

以下の章で徐々に明らかになるように、黄金比はデザイナーから数学者まで、医師、生物学者、さらには投資家、神秘学者まで惹きつけてやまない。黄金比は自然界に存在し、人の顔の"美しさ"にも本質的にかかわっている。歴史を通じ、芸術や建築で用いられて多くの名作を残したが、現代でもグラフィックデザインや製品デザイン、写真や映像の編集、ロゴ、ユーザインターフェースなどで、視覚的な調和をもたらすために使用され、株式市場や為替の変動、太陽系の天体の動きにも黄金比が認められるとする研究者もいる。

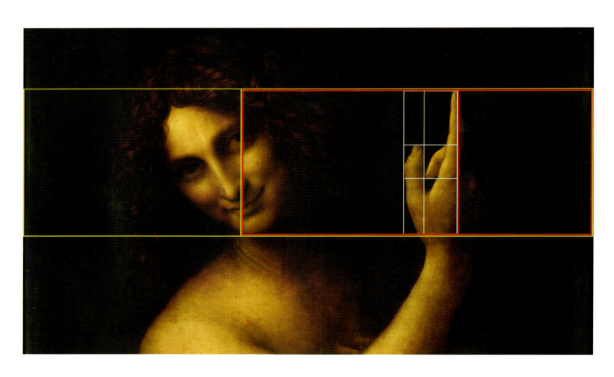

レオナルド・ダ・ヴィンチによる〈洗礼者ヨハネ〉。1516年頃。はたしてダ・ヴィンチは意図的に黄金比を用いたのか？

論争を呼ぶ数

　これだけ注目を集めているのだから、Φはπにひけをとらず重要な数として認知されてもよさそうなものだが、教育機関の大半はせいぜい言葉を紹介する程度でしかない。それはいったいなぜか？

　現実問題として、黄金比が適用されているか否かに関しては、ややこしい対立意見がある。黄金比をよく知る少数派でさえ、実のところほとんどわかっていないといえるかもしれない。黄金比に関心がある者はそこに潜む価値を何かに利用しようとしている、などという陰謀論まであるくらいなのだ。本書では対立する意見の双方を紹介し、推理小説や《CSI：科学捜査班》を真似て証拠を示していこうと思う。ただし、刑事や判事、陪審員は読者のみなさんである。それぞれの主張が正しいか誤りか、数学に基づいているのか迷信でしかないのかを、どうかご自身で判断してもらいたい。といっても、結果的にたまたま黄金比になっただけか、それとも壮大な構想に基づいた意図的なものかはわからずじまい、ということもあるかと思う。

　興味をもたれただろうか？　黄金比の根底にある数学的なものを理解すれば、芸術と自然界におけるその現われ方の理解がより深まり、視覚表現にも自在に応用できるだろう。

　では、広大で深淵、魅力の尽きない黄金比の世界を探検する手始めとして、まずは歴史をふりかえり、時代を超えて生きつづける賢人たちの足跡をたどるとしよう。

オリヴァー・ブレイディとカーメル・クラーク共作〈聖なる黄金比彫刻〉。180°回転の黄金螺旋（→p.145）に基づいた磁気彫刻

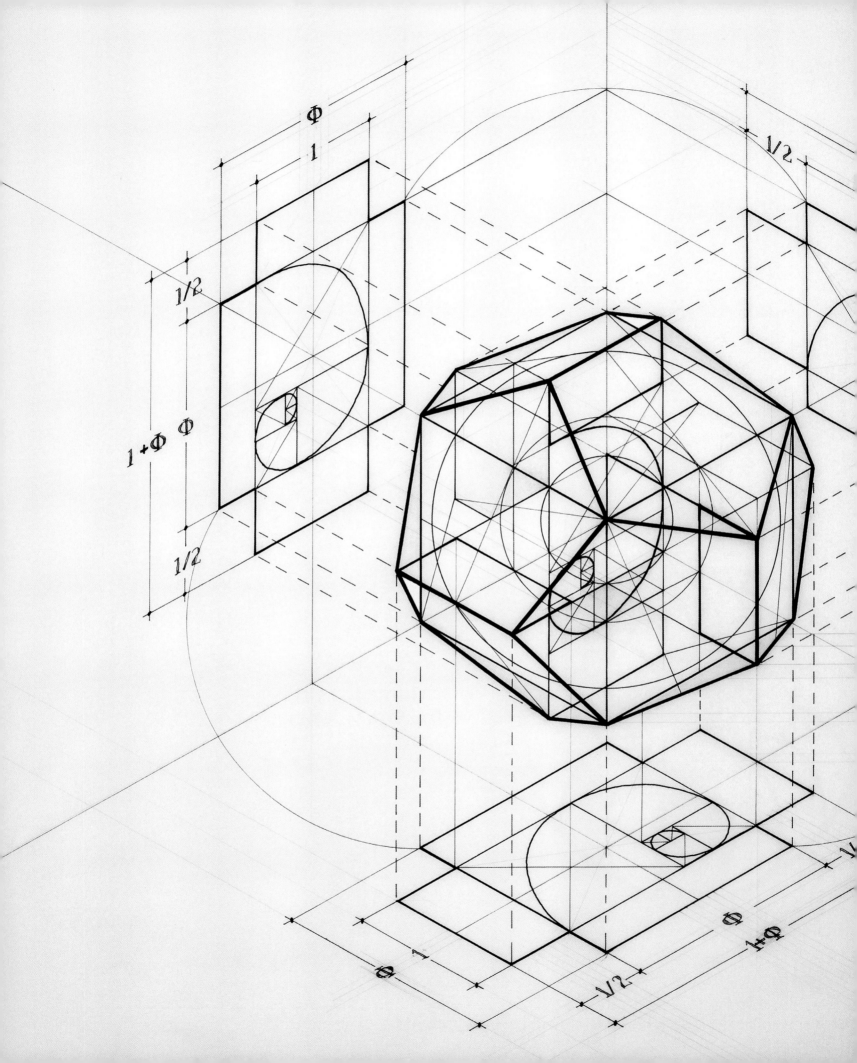

第 I 章

黄金の幾何

幾何学にはふたつの偉大な宝がある。

ひとつはピタゴラスの定理、

もうひとつは外中比で、

前者は大きな金塊、

後者は高貴な宝石といってよい[*1]

——ヨハネス・ケプラー

黄金比が代数や幾何学、自然界に存在するのはもはや既知だが、いつ発見され、いつ初めて応用されたのか、その正確な時期はわかっていない。とはいえ、長い歴史のなかで呼び名が複数あることから、おそらく発見、また発見……をくりかえしていたのだろう。古代のバビロニアとインドでこの比が認識されていたのは確実なので、ここではギリシアから始めるとしよう。

右：日の出を祝うピタゴラス学派。ロシアの画家フョードル・ブロンニコフ（1827～1902年）

左：中央は3世紀のローマ・コインに描かれたピタゴラス。フランスの版画家ジャン・ダムブラン（1741～1808年頃）

古代ギリシア

　幾何学の授業で学ぶ基本事項は、ギリシアの古代に導かれたものが多く、私たちが黄金比と呼ぶものも古代ギリシアにさかのぼれるだろう。数学者であり哲学者でもあったピタゴラス（紀元前570頃～495年頃）が率いたピタゴラス学派は、ペンタグラム（五芒星）を紋章としていたが、以下に示すように、ペンタグラムでは線分が黄金比になっている。

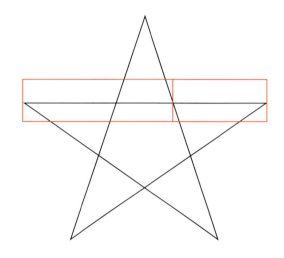 

左：ペンタグラムの黄金比

右：赤：緑、緑：青、青：紫は黄金比

下：ヨハネス・ケプラーの『宇宙の神秘』（1596年）に描かれたプラトン立体5種と対応する元素

　中心にある五角形は、ギリシアの哲学者プラトン（紀元前427頃～347年）の『ティマイオス』（紀元前360年頃）に登場する。プラトンは宇宙を形成する4つの基本要素（四元素：火、空気（風）、水、土）を多面体で表現し、五角形からなる5つめの正十二面体は宇宙を象徴するとした。この5つの正多面体は、現代では「プラトン立体」とも呼ばれる。また『ティマイオス』では、3つの数の関係も語られており、これはユークリッドの「外中比」の先駆けといえるだろう。

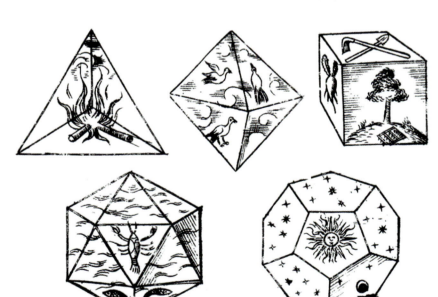

「3つの数のうち、初項対中項が中項対末項に、
末項対中項が中項対初項に等しい場合……
すべては互いに同じ関係となり、
すべてはひとつであることになるだろう」[*2]

これは現在、中項に関する一般的な記述か、具体的に黄金比を指しているのかは不明とされる。

プラトンのアカデメイア。
モザイク 紀元前1世紀
ポンペイ（イタリア）

　出自は不明だが、ユークリッドは紀元前3世紀、プトレマイオス1世（紀元前367頃〜283年頃）の統治下にあったエジプトのアレクサンドリアで暮らしていた。13巻からなる『原論』は幾何学、数論、比例論について、定義、公理、命題を記し、整数比では表わせない線分の解説もある。論理学と現代科学にとっては発展の礎ともいえ、歴史に残る名著とされる。初めて印刷されたのは1482年だが、グーテンベルクが活版印刷術を発明したのは15世紀半ばなので、印刷された最初期の数学書であり、聖書に次いで広く読まれた書物といわれるまでになった。エイブラハム・リンカーンは論理的思考を磨くために『原論』を読みふけり、米国の詩人でピュリッツァー賞を受賞（1923年）したエドナ・ミレイには「ユークリッドだけがありのままの美を見た」と題した詩がある。

上左：フランドル派の画家、ヘントのユストゥスが描いた28人の肖像画のうちのユークリッド　1474年頃

上右：『原論』の初版（第3巻8-12）　1482年

古代ギリシア　19

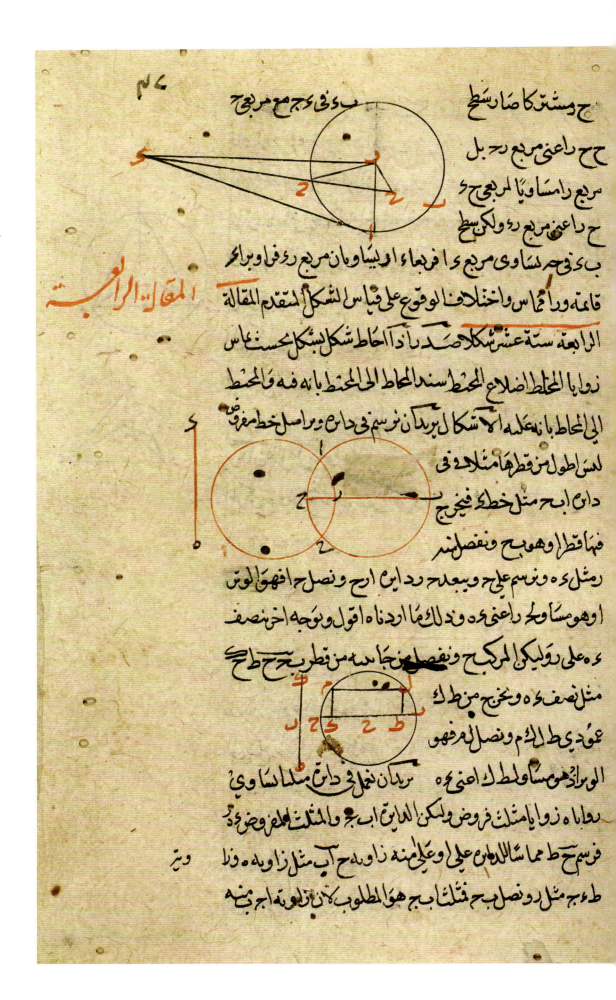

『原論』のアラビア語版。ペルシアの神学者で哲学者、数学者のナシール・アル-ディン・アル-トゥーシ（1201〜94年）による

بنى سطح ٮ اب في ج ح مساو يا لمربع و د ذلك ما اردناه واتصرف نبت
من هذه الاشكال على الاخر اقول ويتبين من هذا ان كل خط يخرج
من نقطه و ماسان دارن بعينهما عن حسيه مماسا فهما مساويان وان نکن ان
يخرج هذا الشكل والذى قبله في قول واحد و كون على الا دائح
من نقطه تخطان متساويان الى ان محاد يهما من جانى خط دايره
خطان اخران مثلها وعمر متساسين ما يهما مساس احدا ولس سه
الاخر مساوى سطح احدا لاحضرين في الاحى وضع الرهان عله
اذا خرج خطان من نقطه تنا دحه من داس الها قاطعا احدهما ايا
ومنها الاخر لهما غير قاطع وكان سطح جمع القاطع فها وقع منه
خارجا مساو يا لمربع المنتهى مماسا للدايره ولیکن الدایره ابج و
النقطه د ه و القاطع د ج ب و المنتهى د ه و اوجن من دره د ما سا لها
ونصل مں د ا كمرك ق
ه ه فلان سطح د ب في
ح مساو يا لمربع د ا
بالغرص و ع ل م ج د ه ه لما
مر تكون د ا د ه متساو ين وكان د ا مساو يا و ه د ه مشتركا
فر اویه د ع ا ر ساوى ر اویه ز ر ه القاىمه فهی قاىمه و ه المود علی
الماس و ذلك ما اردناه اقول و هذا الشكل ليس د نسحه الحاح
وهو کا انه ابتا وقع فی عاسر المقاله الراىعه اللهم لحاحه مر
اخر و لىفدا الدابر و الحطىن ا دابر و نصل د ا ح ج و عو د ح
فلان سطح د ا فی ح ىح ىى مع مربع ح ج ساو ى مربع ج د و اذا جعلنا

アルベルト・アインシュタインは、ユークリッドの『原論』を「聖なる小さな幾何学書」と呼んだ。その『原論』で、ユークリッドは作図（ペンタグラムを含む）を伴い、外中比に何度も触れている。そこで、これからその部分をざっと見てみよう[*3]。まずは第6巻から――

（以下、命題中のアルファベットはすべて、本書の図版に対応して付記したもの）

命題30
与えられた線分（AB）を外中比に
分ける（E）。

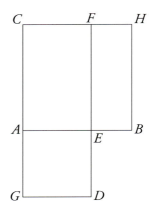

線分ABを1辺とする正方形ABHCをつくる。つぎに、ABHCと面積が等しい長方形GCFDをつくるが、このとき、ABHCの外の部分GAEDも正方形にする。

- 正方形GAEDの面積＝長方形EBHFの面積
- AE・AE＝EB・BH
- AE：EB＝BH：AE＝AB：AE
- EはABを外中比に分ける

ユークリッドは外中比を定義する前の第2巻でも同様の作図をしている。下図のようにACの中点をEとし、EFとAFの長さを次のように決定した。

命題11
与えられた線分（AB）を2分し、全体（AB）とひとつの部分（BH）に囲まれた矩形を（BDKH）、残りの部分（AH）の上の正方形（AFGH）と等しくする。

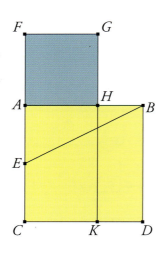

外中比の例は、第13巻にもある。

命題1

線分（AB）が外中比に分けられるなら（C）、大きい部分に全体の半分を加えたもの（CD）の上にある正方形（DLFC）は、半分（AD）の上にある正方形（DPHA）の5倍となる。

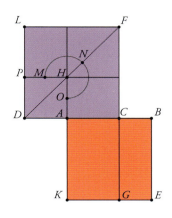

命題2

線分（AB）の上の正方形（ALFB）が、線分の一部（AC）の上の正方形（APHC）の5倍となり、その部分の2倍（CD）が外中比で分けられるとすれば、大きい部分（BC）は最初の線分（AB）の残り部分となる。

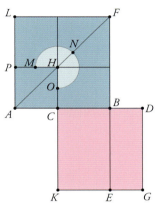

命題3

線分（AB）が外中比に分けられるなら（C）、小さい部分（BC）と大きい部分（AC）の半分を加えたものの上の正方形（DBNK）は、大きい部分（AC）の半分の上の正方形（GUFK）の5倍となる。

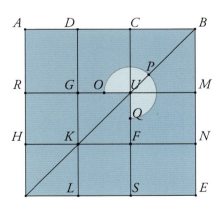

命題4

線分（AB）が外中比に分けられるなら（C）、全体（AB）と小さい部分（CB）の上にある正方形の和は、大きい部分（AC）の上の正方形（HFSD）の3倍となる。

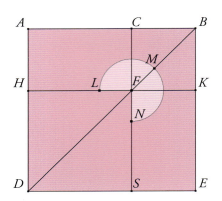

命題5

線分（AB）が外中比に分けられ（C）、大きい部分に等しい線分（AD）が加えられたら、全体は外中比に分けられ（A）、もとの線分（AB）は大きい部分になる。

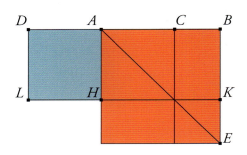

　命題6では、"有理線分"が外中比に分けられると、分けられた線分それぞれは"余線分"と呼ばれる"無理線分"だとしている。そして命題8、9に進むと、五角形、六角形、十角形と黄金比の関係がわかる。

命題8

等辺および等角な五角形で、ふたつの線分（AC、BE）が隣り合うふたつの角をなすなら、それは外中比に分けあい（H）、大きい部分（HE、HC）は五角形の辺に等しい。

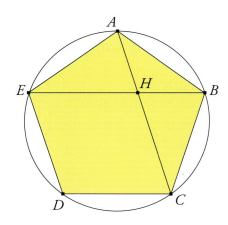

24　黄金の幾何

命題9

同一の円に内接する六角形の辺（CD）と十角形の辺（BC）が加えられたら、全体の線分（BD）は外中比に分けられ（C）、大きい部分は六角形の辺（CD）である。

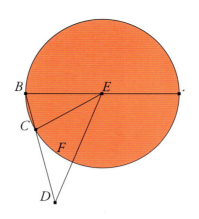

　そろそろ3次元に行ってもよいだろうか？　命題17は、立方体と正十二面体の黄金比の関係を解説している。

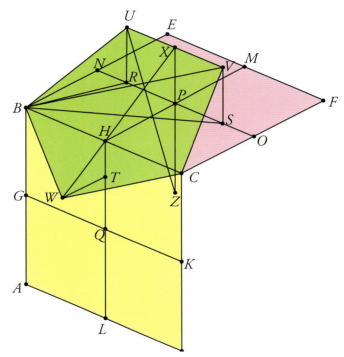

命題17

正十二面体をつくり、球で囲み、正十二面体の辺（UV）が余線分と呼ぶ無理線分であることを証明する。系：立方体の辺（NO）が外中比に分けられるなら、大きい部分（RS）は十二面体の辺である。

　命題17では、正十二面体の辺（たとえばUV）が余線分（無理線分）であることが証明されている。正十二面体に内接する立方体の2面を考え、各辺の中点をとる。このときNPが外中比に分けられればRPが大きい部分、POが外中比に分けられればPSが大きい部分なので、NO全体が外中比に分けられるとRSが大きい部分になる。ここでRSはUVに等しい。球の直径は有理線分であり、立方体の一辺も有理線分、NOも有理線分である。すでに証明したように、有理線分が外中比に分けられると、分けられた線分は余線分（無理線分）になる。よって、RSすなわちUV──正十二面体の一辺は無理線分である。

古代ギリシア　25

黄金比を描くには

幾何における黄金比を理解するうえで、ユークリッドは素晴らしい土台づくりをしてくれた。とはいえ、現代ではもっと単純化できるので、まずは線分、それから三角形、四角形……を利用して、シンプルに黄金比をつくってみよう。米国屈指のコメディアンで司会者のデイヴィッド・レターマンが披露する「トップ10」と違い、ここではきわめて素朴な方法を紹介する。びっくり仰天するほど単純な、庶民的な作図法といえばよいだろうか──。

3本線

ユークリッドがこれを見たら、アルキメデスのように「エウレカ！」と叫び、裸のまま走りだしたかもしれない。

1. 同じ長さの棒状のもの（箸やストロー、木工用のダボなど何でも）を3本用意する
2. 1本を垂直に立てる
3. その真ん中（中点）に2本めを立てかける
4. さらにその真ん中に3本めをたてかける。3本の下端が一直線になるように（下図参照）

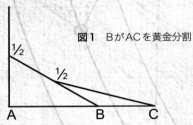

図1　BがACを黄金分割

三角形

幾何学的だが、ユークリッドが示したものよりずっとシンプル。

1. コンパスで円を描き、内接する正三角形をつくる
2. 2辺の中点を結び（AB）、円周まで延長する（C）

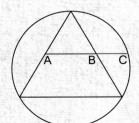

図2　BがACを黄金分割

四角形

ユークリッドの『原論』の命題にある矩形の中点と弧に似ているが、以下はそれを逆手にとったもの。

1. コンパスで円を描き、直径で二分する
2. 半円の内側に正方形をつくる

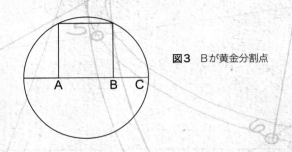

図3　Bが黄金分割点

五角形

これは『原論』の第13巻命題8に従ったもの。

1. コンパスで円を描き、円周を5分割して五角形をつくる
2. 対角線を2本引く

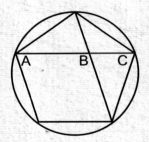

図4　交点BがACの黄金分割点

きわめてシンプル。さして手間をかけずに黄金比が描ける。ほかの作図法については、補遺B（→p.212）を参照されたい。

ピタゴラスとケプラーが三角形で出会う？

　ピタゴラスとケプラーがバーで出会ったら……などと想像してもせんなきことだが、ふたりのおかげで、黄金比とはいかなるものかが理解できるようになった。

　ピタゴラスと聞いてまず思い浮かぶのは「ピタゴラスの定理」だろう。直角三角形の斜辺（c）の二乗は、他の2辺（a、b）の二乗の和に等しい、というものだ。

$$a^2 + b^2 = c^2$$

Φは序章で述べたように、二乗すると元の数に＋1した数になる。

$$\Phi + 1 = \Phi^2$$

「ピタゴラスの定理」から2000年後、ドイツの数学者ヨハネス・ケプラー（1571〜1630年）は、このふたつに関連性があることに気づいた。その結果、3辺が1、$\sqrt{\Phi}$、Φの三角形が誕生し、いまでは「ケプラー三角形」として知られる。

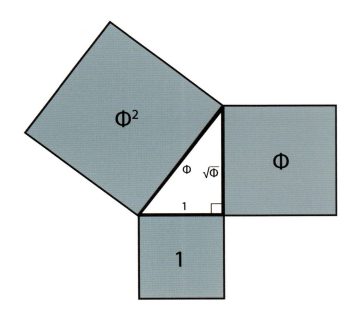

ケプラーの肖像画　1610年　ベネディクト会修道院（クレムスミュンスター、オーストリア）の修道士作とされる

ケプラーはこの三角形の特徴を、かつての師ミヒャエル・メストリンへの手紙に記した。

「外中比で分割された線分で、分割点の垂直線上に直角がくるような直角三角形をつくると、直角をはさむ2辺の短いほうは、分割された底辺の長いほうと等しくなる」[*4]

1辺を1として作図すると、以下のようになる。

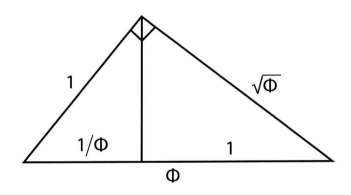

ケプラー三角形（1：$\sqrt{\Phi}$：Φ）では、直角の頂点から底辺に垂線を引くと、底辺は黄金比に分割され、結果としてできたふたつの三角形の辺の比も同じになる

3辺の比が3：4：5の直角三角形（ピタゴラス三角形）は、辺が等差数列になる唯一の直角三角形である。

$$3 + 1 = 4$$
$$4 + 1 = 5$$

また面白いことに、ケプラー三角形（1：$\sqrt{\Phi}$：Φ）は、辺の長さが等比数列になっている唯一の直角三角形でもある。

$$1 \times \sqrt{\Phi} = \sqrt{\Phi}$$
$$\sqrt{\Phi} \times \sqrt{\Phi} = \Phi$$

ピタゴラスにもどってペンタグラムを見ると、黄金比をもつ二等辺三角形は2種類あることがわかる。

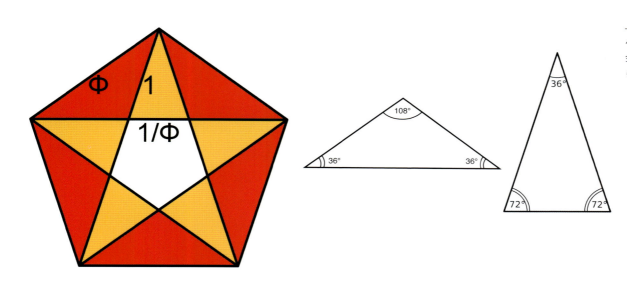

ペンタグラムは2種類の黄金三角形に分割でき、どちらにも36°の角がある

このふたつは黄金三角形と呼ばれ（上図中央は鈍角三角形、右は鋭角三角形）、ペンローズ・タイルの要素にもなっている（→p.34）。

折り紙ふうにつくる黄金比

数学が苦手な友人がいたら、黄金比を折り紙ふうにつくる方法を教えたらどうだろう。必要なのは細長い紙1枚だけで、ほかには何もいらない。まず紙を単純に結び、押さえて平らにする（あまり考え過ぎないように！）。

この「結び目」が五角形になり、鋭角と鈍角の二等辺三角形が現われて、その辺の比が黄金比になる。

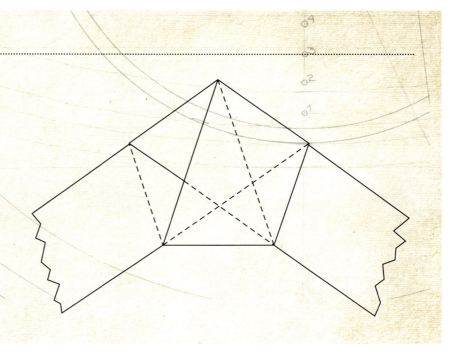

天体の調和

　ピタゴラスもケプラーも、音楽から惑星の動きまで、いたるところに数学を見た。楽器の弦の長さの比、振動数の比が音程とかかわることを発見したのはピタゴラスだといわれる。またピタゴラスは、天体の動きが音楽をつくり、それによって調和が保たれていると考えた。

　一方、ケプラーは宇宙を幾何学的に探究し、1596年に『宇宙の神秘』を、1619年には『宇宙の調和』を出版した。前者でケプラーは、当時知られていた5つの惑星と地球の距離と軌道はプラトンの5つの立体（→p.17）の外接球と内接球によって調和されていると考え、誤りだと否定されてもなお、宇宙の神秘を追究しつづけた。そして1617年、『コペルニクス的天文学要綱』の第1巻を出版。惑星は楕円軌道を描くという第一法則を発表する。

プラトン立体を入れ子の構造にしたケプラーの太陽系モデル

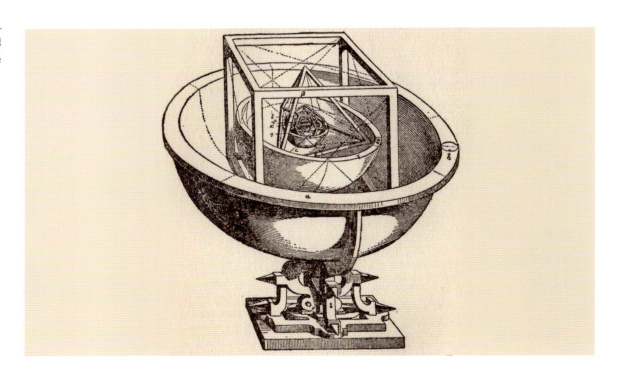

ケプラーが『宇宙の神秘』で示した仮説は、残念ながら仮説でしかなかったが、初期のモデル自体は数学的に素晴らしいものだった。5つの立体（下図左から正四面体、正六面体、正八面体、正十二面体、正二十面体）は、等しい形の面をつなぐだけでできあがる。

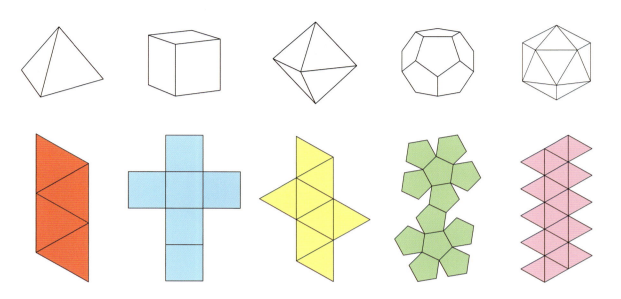

　このうち正十二面体と正二十面体は、黄金長方形からつくることもできる。黄金長方形とは、辺の比が黄金比になっているもので、それを組み合わせると立体の頂点が決まる。

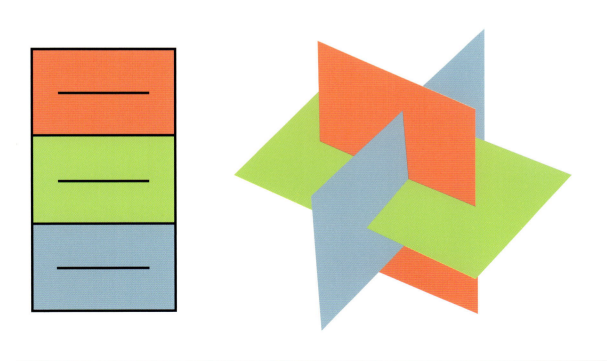

黄金長方形（左）を3つ、右のように組み合わせてみよう。ここから正十二面体や正二十面体をつくることができる

正十二面体の場合は——
長方形の12の頂点が
12の正五角形の中心となり
12の面ができる

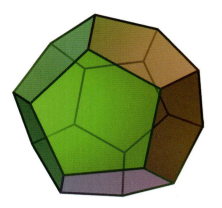

正十二面体

正二十面体の場合は——
長方形の12の頂点が
20の正三角形の頂点となり
20の面ができる

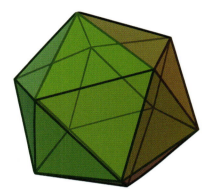

正二十面体

　組み合わせた黄金長方形を3次元の座標系に置くと、正二十面体の12の頂点の座標は以下のように表わせる[*5]。

xz平面（y = 0、緑）：$(\pm 1, 0, \pm \Phi)$
yz平面（x = 0、青）：$(0, \pm \Phi, \pm 1)$
xy平面（z = 0、赤）：$(\pm \Phi, \pm 1, 0)$

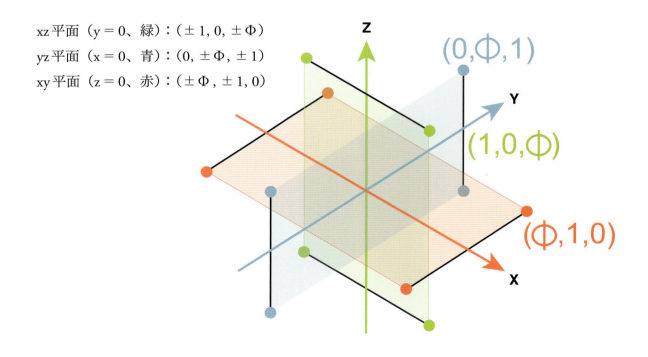

32　黄金の幾何

つぎに、正十二面体を3次元の座標系に置くと、内部に立方体があるのがわかり、各頂点の座標は以下のようになる[*5]。

オレンジ破線の立方体：($\pm 1, \pm 1, \pm 1$)
yz平面（x＝0、緑）：($0, \pm\Phi, \pm 1/\Phi$)
xz平面（y＝0、青）：($\pm 1/\Phi, 0, \pm\Phi$)
xy平面（z＝0、赤）：($\pm\Phi, \pm 1/\Phi, 0$)

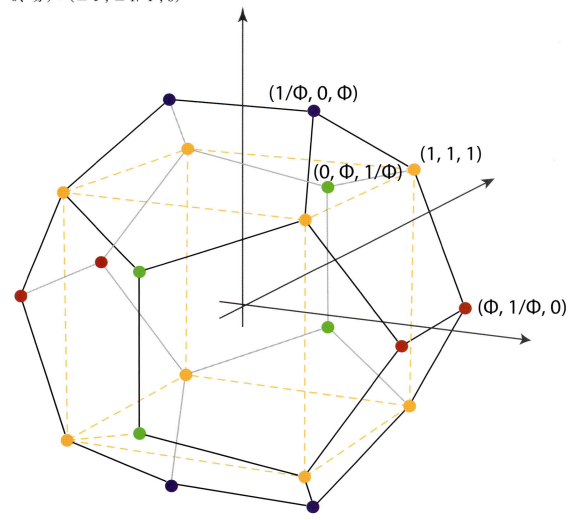

正五角形の性質から、1辺が2の立方体が内接する正十二面体の1辺は2/Φ。

黄金のタイル

　プラトン立体を2次元で表わすと（→p.31）、3辺、4辺のタイルで平面を隙間なく埋めつくせることがわかる。ではそれが、5辺だったら？　ペンタグラムは美しい黄金比からなるが、三角形や四角形のように平面を埋めつくせないと思われてきた。が、イギリスの物理学者ロジャー・ペンローズ（1931年～）は1970年代初め、正五角形には黄金比をもつ三角形が2種類あることに目をとめ（下図 a、→p.29）、これを組み合わせれば対称図形ができると考えた。たとえば、鋭角三角形をふたつ組み合わせればカイト（凧、図 b の黄色）に、鈍角三角形はダート（矢じり、図 b の赤色）になる。さらに両者を合わせると、辺がΦの菱形ができ（図 b）、同じ三角形ふたつを合わせても同様（図c）。こうして、ペンタグラムのみでは無理な平面の埋めつくしが、黄金比をもつペンロー

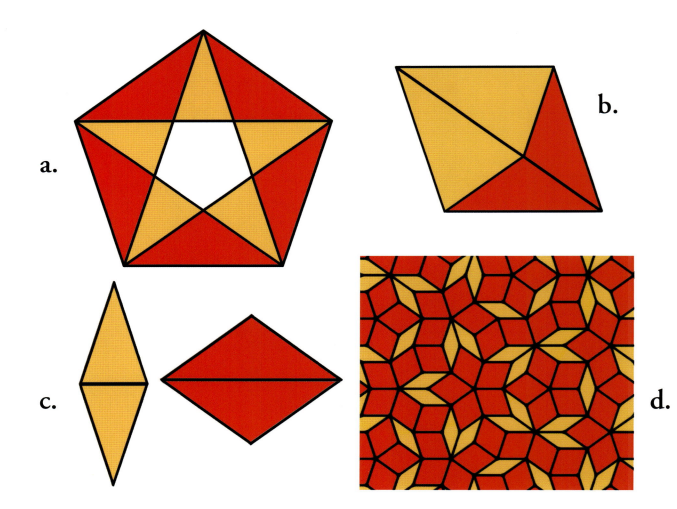

ズ・タイル（図d）で可能になった。

　広い平面をこれで埋めていくと、2種類のタイル数の比は1.618（黄金比）に近づいてゆく。さらに組み合わせ方次第では5回対称性を示すが、星形や十角形などでは小さな隙間が生じることもある。自然界に見られる5回対称性は、第5章で紹介しよう。

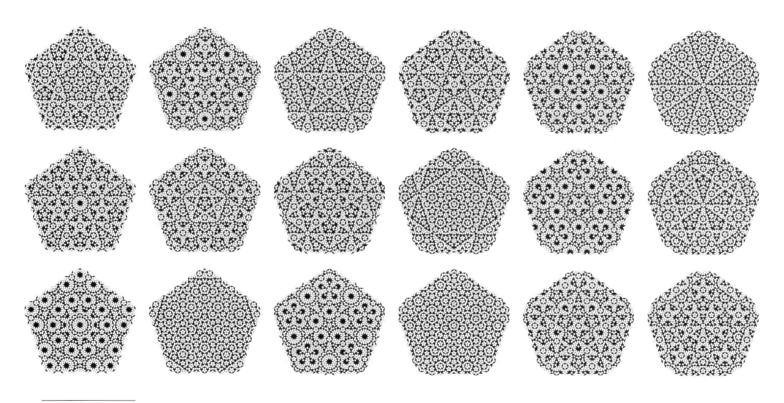

ペンローズ・タイルはさまざまにアレンジできる。ペンタグラムや五角形に似た形が頻出することに注目

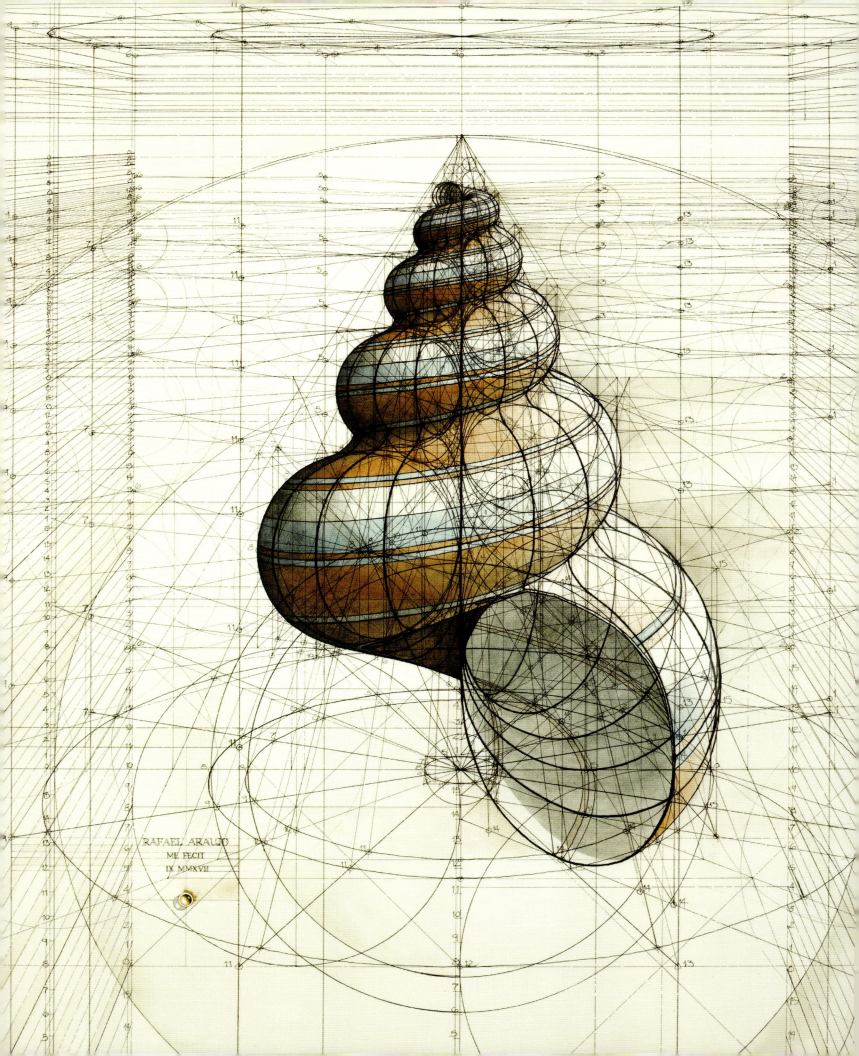

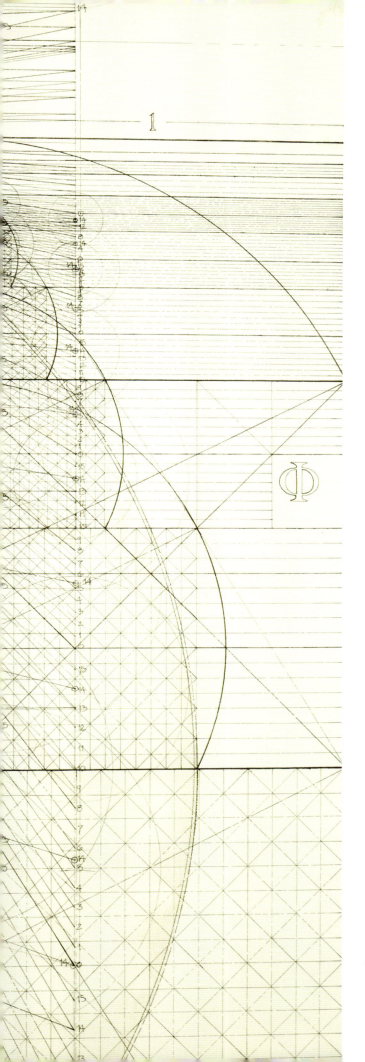

第 II 章

黄金比と
フィボナッチ数

言語を学び、
書かれた文字に親しまなくては
（宇宙という）本を読むことはできない。
この本は数学という言語で
書かれている。[1]

——ガリレオ・ガリレイ

古代ギリシアの数学的遺産は、9世紀のバグダードでも息づいていた。第7代カリフのマアムーンが「知恵の館」と呼ばれる図書館を設立したのだ。「知恵の館」はイスラム、ユダヤ、キリスト教の学者たちが化学や地図製作などについて議論する場となり、古代ギリシアと古代インドの文献がアラビア語に翻訳された。科学と数学の分野も、13世紀までつづくイスラム黄金時代に大きく発展する。たとえば、フワーリズミー（790頃～850年頃）はアラビア語で初めて"ゼロ"を記した数学者であり、その著『ヒサーブ・アル-ジャブル・ワル-ムカーバラ（約分と消約の計算概要）』の"アル-ジャブル"（移項で2次方程式を整理するプロセス）は英語の"アルジェブラ"、すなわち"代数学"の語源となった。さらに同書には、長さ10の線分を黄金比で分割する2次方程式も解説されている。

上：9世紀の偉大な数学者 フワーリズミー ソ連の記念切手 1983年

右：バグダードの「知恵の館」

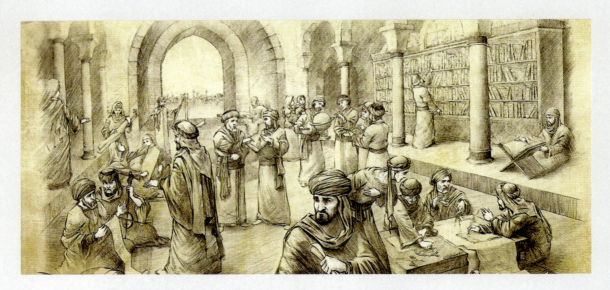

38　黄金比とフィボナッチ数

フィボナッチ数列

　フワーリズミーから約半世紀の後、エジプトの数学者アブ・カミル・シュジャ・イブン・アスラム（850頃〜930年頃）は、3変数の非線形方程式3題を解いて幾何学問題に代数を応用した。また、長さ10の線分を分割し、矩形内に五角形を作図する種々の方程式も示している。2次方程式の解に無理数を用いた最初の数学者でもあり[*2]、フワーリズミーの研究を拡張した『代数学』は12世紀にラテン語に翻訳され、ヨーロッパの数学界に大きな影響を与えた。

　フワーリズミーに触発されたのは、アブ・カミルだけではない。父親とともにアルジェリアの港町に滞在していた若者が、フワーリズミーによるインド数学の記数法に魅せられた。ピサの裕福な商家の息子、レオナルド・フィボナッチ（1175頃〜1250年頃）である。1202年、フィボナッチはインド・アラブの記数法をヨーロッパに広める『算盤の書』を著し、歴史に名を残す数学者となった。

ふたつの2次方程式の幾何学的解法を示したフワーリズミーの『約分と消約の計算概要』。1342年版

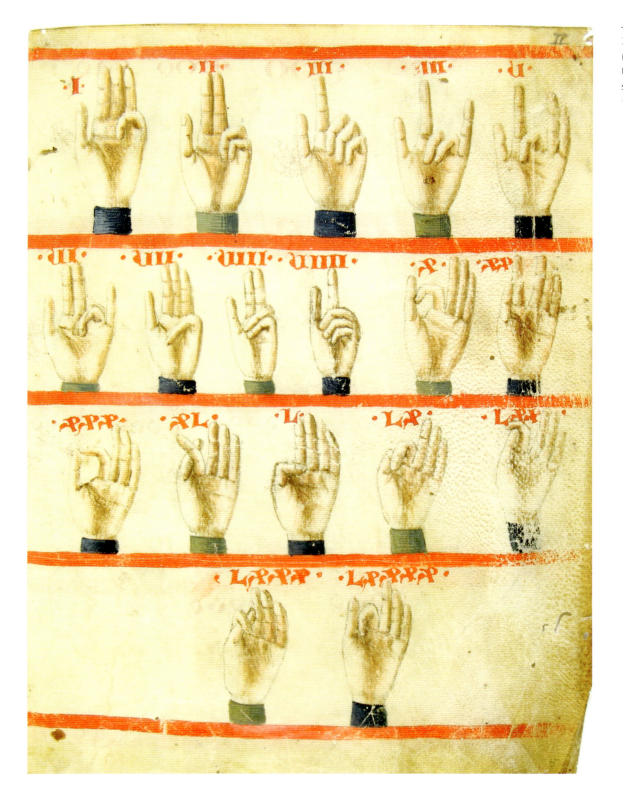

アラビア数字をヨーロッパに紹介したフィボナッチの『算盤の書』より、ローマ数字との関連を示したページ。1202年

左ページ：イスラム黄金時代（およそ8世紀半ばから13世紀半ば）、アラブの天文学者たちはコンスタンチノープル（現在のイスタンブール、トルコ）の天文台で、緯度の決定に天体観測器とクロススタッフ（棒）を使った

フィボナッチは『算盤の書』を書くにあたって、アブ・カミルをはじめとするアラブの研究に頼った。そして長さ10の線分を分割するアブ・カミルの2つの方程式と結果の関係から、$\sqrt{125}-5$ と $15-\sqrt{125}$ [*3] に分割することを考えたのだが、これはまさしく線分10の黄金分割である。なぜなら、両方を10で割ると $(\frac{\sqrt{5}-1}{2}、\frac{3-\sqrt{5}}{2})$ で、それぞれΦの逆数（$\frac{1}{\Phi}$、0.61803…）と $1-\frac{1}{\Phi}$ (0.38197…) になる。Φはその逆数が元の数より1だけ小さくなる唯一の数なので（→p.11）、1を加えてみればよい。

$$\frac{1}{\Phi} = \Phi - 1 \quad \rightarrow \quad \frac{1}{\Phi} + 1 = \Phi$$

$$\frac{\sqrt{5}-1}{2} + 1 = \frac{\sqrt{5}+1}{2} \quad \rightarrow \quad \Phi$$

フィボナッチは『算盤の書』で、ウサギの数の増え方を問題にし、黄金比と深くかかわる「フィボナッチ数列」を導いた。同様の数列はインドの学者がすでに6世紀に記しているが、ヨーロッパで普及させたのはフィボナッチである。

では、フィボナッチ数列を簡単に説明しよう。まず、ウサギのオスとメスが1匹ずついる。これが1か月後に大人になり、2か月後に1組のオスとメスを生む。また、ウサギが死ぬことはない。ここでフィボナッチが提起した問題は、大人のつがいは1年後には何組になるか――。答えは144である。最初は1組のみで、2か月後に1組の子どもが生まれ……を追っていくと、大人のつがいの合計数は以下のようになる。

$$1 + 0 = 1$$
$$1 + 0 = 1$$
$$1 + 1 = 2$$
$$2 + 1 = 3$$
$$3 + 2 = 5$$
$$5 + 3 = 8$$
$$8 + 5 = 13$$
$$\vdots$$

これがフィボナッチ数列で、前の2数を足していけばよいことがわかる。

 1，1，2，3，5，8，13，21，34，55，89，144，233，377，610，987........

n番めの数が何になるかは、Φと$\sqrt{5}$を用いて推測できる。

$$f(n) = \frac{\Phi^n}{\sqrt{5}}$$

たとえば、12番めは

$f(12) = \dfrac{\Phi^{12}}{\sqrt{5}} = \dfrac{321.9969...}{2.236...} = 144.0014... \rightarrow 144$

また、フィボナッチ数列で隣り合う数の比はΦに収束する。

1/1	=	1.000000
2/1	=	2.000000
3/2	=	1.500000
5/3	=	1.666667
8/5	=	1.600000
13/8	=	1.625000
21/13	=	1.615385
34/21	=	1.619048
55/34	=	1.617647
89/55	=	1.618182
144/89	=	1.617978
233/144	=	1.618056
377/233	=	1.618026
610/377	=	1.618037
987/610	=	1.618033

イタリアの彫刻家ジョヴァンニ・パガヌッチによるフィボナッチの大理石像
1863年

数列の39番め（63,245,986）と40番め（102,334,155）の比は、小数点以下14桁までΦと一致する。

$$1.618033988749895$$

　しかし当時、イタリアの数学者でΦへの収束を記した者はひとりもなく、それは400年ものあいだつづいた[*4]。そしてようやく1609年、フィボナッチ数列とΦの関係を手紙に記したのが、ヨハネス・ケプラー（→p.27）だった。

　1653年、フランスの数学者ブレーズ・パスカル（1623～1662年）は、二項展開で現われる正整数を視覚的に表現し、これは「パスカルの三角形」として知られる。まず1からスタートし、右上と左上の数を足して並べたものだが、下の図のように、斜め（赤い線）の数字を足していくとフィボナッチ数列（黄色）になる。

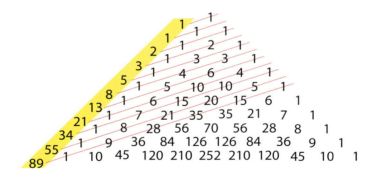

　パスカルの三角形には、じつにさまざまな規則や性質がある。たとえば——
- 行（水平方向）の和は、2の累乗（公比2の等比数列）になる（1、2、4、8、16…）
- 各行の数字で（1、11、121、1331、14641）、11の累乗（公比11の等比数列）ができる
- 各行の左から3番めの数（1-3-6-10-15-21-28）で、隣り合う数を加えると、平方数になる（1、4、9、16、25…）
- 1の右側の数が素数の場合（1-3、1-5、1-7）、その行にある数はその素数で割り切れる

フィボナッチに魅せられた学者たち

　フィボナッチ数とΦを最初に結びつけたのはケプラーだが[*5]、連続した数の比が黄金比に近づくことを証明したのは、スコットランドの数学者ロバート・シムソン（1687～1768年）だった（1753年）[*6]。また1877年、フィボナッチが『算盤の書』に記した数を"フィボナッチ数"と名づけたのはフランスの数学者エドゥアール・リュカ（1842～1991年）で、さらにこれを発展させて"リュカ数"を定義した。

フランスが生んだ天才、ブレーズ・パスカル　1822年

フィボナッチ数列と螺旋など

　インターネットでフィボナッチ数列を検索すれば、フィボナッチ螺旋や黄金螺旋と呼ばれる画像に出合うだろう。あるいはパルテノン神殿にモナ・リザ、はたまたドナルド・トランプの横顔などに螺旋が描かれていることも——。

　この螺旋は、黄金長方形からつくることができる。まず黄金長方形を黄金比で分割すると、正方形と黄金長方形ができ、この長方形をさらに黄金比で分割。これをつづけていくと、下の図のようになる。

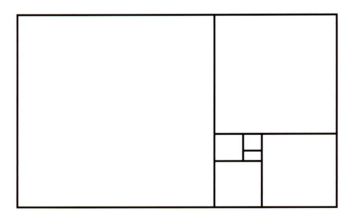

できた正方形に円弧（四分円）を描けば、黄金螺旋の出来上がり。

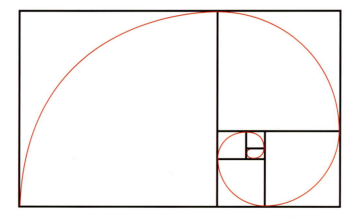

ではつぎに、黄金比ではなくフィボナッチ数列でつくってみよう（1,1,2,3,5,8,13,21,34,55）。

下の図では55×34で長方形をつくり、それを34対21で分割、右側の長方形を21対13で分割し、つぎに13対8……とつづけている（正方形の一辺がフィボナッチ数）。

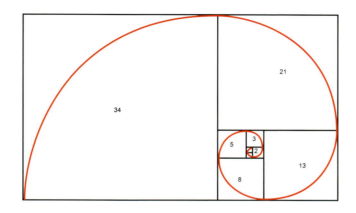

厳密にいえば螺旋ではなく渦巻きで、真の黄金螺旋は対数（等角）螺旋の一種である。下の図で、緑のラインは正方形に接する四分円をそれぞれ別個に描いたもの、赤色は対数螺旋の一種としての黄金螺旋、黄色は両者が重なった部分――。その差がどれほどのものかわかるだろうか？

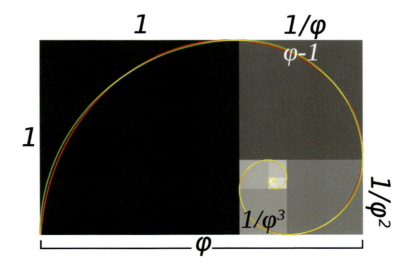

フィボナッチ数の三角形

フィボナッチ数列の連続3数で直角三角形をつくることはできないが、4つの数を利用すれば作図できなくもない。まず底辺をa、斜辺をcとして、フィボナッチ数を1つずつずらし、その差と和をb'、b''とする（これもフィボナッチ数列）。すると直角三角形の残りの辺はb'×b''の平方根になる。

フィボナッチ数列			
b'	a	c	b''
0	1	1	2
1	1	2	3
1	2	3	5
2	3	5	8
3	5	8	13

フィボナッチ三角形		
a^2	b'×b''	$a^2 + b' \times b'' = c^2$
1	0	1
1	3	4
4	5	9
9	16	25
25	39	64

左の表の5行めを作図したもの

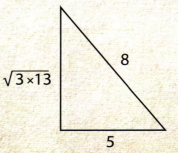

フィボナッチ数には面白い性質がいくつもある。たとえば、f(*n*-1)、f(*n*)、f(*n*+1)を見てみると――

$$f(n-1) \times f(n+1) = f(n)^2 + (-1)^n$$

$$3 \times 8 = 5^2 - 1$$
$$5 \times 13 = 8^2 + 1$$
$$8 \times 21 = 13^2 - 1$$

もうひとつ、数列のn番めの数をf(n)とすると、n個ごとに区切った数はすべてf(n)の倍数になる。

たとえば、1、1、2、3、5、8、13、21、34、55、89、144、233、377、610、987、1597、2584、4181、6765では——

- $n=4$：4つで区切った数（3、21、144、987）は、f(4)＝3の倍数
- $n=5$：5つで区切った数（5、55、610、6765）は、f(5)＝5の倍数
- $n=6$：6つで区切った数（8、144、2584）は、f(6)＝8の倍数[*7]

フィボナッチ数列には、24個ごとにくりかえすパターンもある[*8]。各位を加え、和が1桁になるまでつづけて得られた数を数字根というが（256なら2＋5＋6＝13、1＋3＝4）、フィボナッチ数列の場合、24個の数字根が同じパターンで無限にくりかえされるのだ。

1, 1, 2, 3, 5, 8, 4, 3, 7, 1, 8, 9, 8, 8, 7, 6, 4, 1, 5, 6, 2, 8, 1, 9

しかも、前半12個の数を後半12個の数に加えていくと9、9、9…になり、最後の18も、数字根は9である。

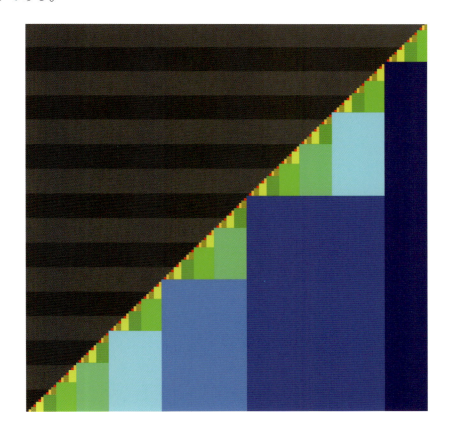

自然数の最初の160個（横軸）をフィボナッチ数の和として表わしたもの。長方形の色はフィボナッチ数列の番号（赤は1、黄色は2など）で、高さが値（「ゼッケンドルフの表現」）

ジョゼフ-ルイ・ラグランジュ。18世紀の偉大な数学者、天文学者で、フィボナッチ数列も研究

　フランスの数学者ジョゼフ-ルイ・ラグランジュ（1736〜1813年）が発見したように（1774年）、フィボナッチ数の1の位の数は周期60でくりかえされる（ただしf(0)=0）。

0, 1, 1, 2, 3, 5, 8, 3, 1, 4, 5, 9, 4, 3, 7, 0, 7, 7, 4, 1, 5, 6, 1, 7, 8, 5, 3, 8, 1, 9,
0, 9, 9, 8, 7, 5, 2, 7, 9, 6, 5, 1, 6, 7, 3, 0, 3, 3, 6, 9, 5, 4, 9, 3, 2, 5, 7, 2, 9, 1

これを下のように図示すると、またべつのパターンが見えてくる[*9]。

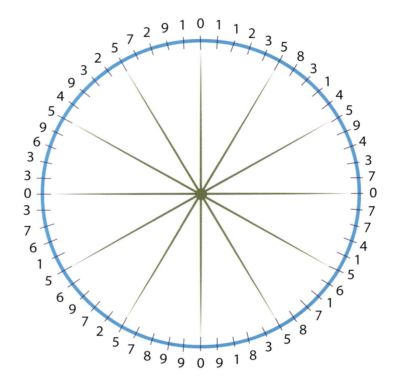

- 0は、時計でいえば12、3、6、9の位置にある
- 5は、上記4点を3分割した位置にある
- 中心を対称点として、向かい合った数の和は10になる（0を除く）

Φを計算する

1567年、ケプラーの師であるドイツの天文学者、数学者のミヒャエル・メストリン（1550～1631年）は、かつての教え子への手紙に"約0.6180340"と記した[*10]。これが記録に残る最初の、Φの逆数の近似値である。

逆数がΦ－1になることはすでに見てきたが、Φの表現法はほかにもある。序章では、線分を黄金比に分割する以下のような図を示した。長いほうの線分（B）と全体（A）の比は、短い線分（C）と長い線分（B）の比に等しい——$\frac{A}{B}=\frac{B}{C}$（①）。

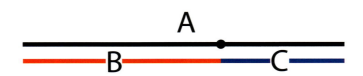

B＋Cの長さがAに等しいのはいうまでもないだろう——A＝B＋C（②）

そこで、②を①に代入すると——$\frac{B+C}{B}=\frac{B}{C}$

分母をはらって整理し（$B^2 - BC - C^2 = 0$）、C＝1とすると、見慣れた2次方程式のかたちになる。

$$B^2 - B - 1 = 0$$

2次方程式 $ax^2 + bx + c = 0$ には解の公式（以下）があるので、これに上の式の係数（1、－1、－1）を代入してみよう。

$$x = \frac{-b \pm \sqrt{b^2 - 4ac}}{2a}$$

得られる解は $\frac{1+\sqrt{5}}{2}$ と $\frac{1-\sqrt{5}}{2}$。正の解は、いうまでもなくΦである。

フィボナッチ数の連続2数の比はΦに収束するが（→p.43）、これはフィボナッチ数にかぎったことではなく、同様の関係性をもたせれば、隣り合う数の比はΦに収束する。例として、1.618を16と18に分けてみよう。この2数の和と比を計算し、さらに並ぶ2数の和と比を計算……をくりかえすと、さて、何が見えてくるだろうか？

$$16 + 18 = 34 \qquad 2数の比 \quad 1.125$$

$$18 + 34 = 52 \qquad\qquad\qquad 1.888888...$$

$$34 + 52 = 86 \qquad\qquad\qquad 1.529411...$$

$$52 + 86 = 138 \qquad\qquad\qquad 1.653846...$$

$$86 + 138 = 224 \qquad\qquad\qquad 1.604651...$$

$$138 + 224 = 362 \qquad\qquad\qquad 1.623188...$$

$$224 + 362 = 586 \qquad\qquad\qquad 1.616071...$$

$$362 + 586 = 948 \qquad\qquad\qquad 1.618784...$$

ではここで、Φのもうひとつの性質をふりかえってみよう（→p.11）。

$$\Phi^2 = \Phi + 1$$

これは $\Phi^2 = \Phi^1 + \Phi^0$ と書くことができる。すると任意のnに対し、前の2数を加えたものがつぎの数になる。

$$\Phi^{n+2} = \Phi^{n+1} + \Phi^n$$

Φの累乗に関しては、ほかにも面白い性質がある。たとえば、逆数を足したり引いたりしてみると——

- 任意の偶数nに対し、$\Phi^n + \frac{1}{\Phi^n}$ は整数になる（例：$\Phi^2 + \frac{1}{\Phi^2} = 3$）
- 任意の奇数nに対し、$\Phi^n - \frac{1}{\Phi^n}$ は整数になる（例：$\Phi^3 - \frac{1}{\Phi^3} = 4$）

さらにΦは、以下のような式の極限値として求めることもできる。

$$\Phi = \sqrt{1+\sqrt{1+\sqrt{1+\sqrt{1+\cdots}}}}$$

$$\Phi = 1 + \cfrac{1}{1 + \cfrac{1}{1 + \cfrac{1}{1 + \cfrac{1}{\cdots}}}}$$

最後に、正五角形とペンタグラムとの関係から、Φと5の密接なつながりを見てみよう。$\Phi = \frac{\sqrt{5}+1}{2}$ を小数で表わすと以下のようになり、これはエクセルでも使える（^は累乗）。

$$\Phi = 5\wedge .5 * .5 + .5$$

そして、もうひとつ——

$$\Phi = \sqrt{\frac{5+\sqrt{5}}{5-\sqrt{5}}}$$

ケプラーはよほどの思いをもって、黄金比を「高貴な宝石」と表現したのだろう。好奇心と勤勉さ、深い洞察力によって、偉大な学者は天体の動きを解明し、科学の発展に大きく寄与した。それではいったん数学を離れ、黄金比が芸術の世界でどのように表現されているかを次章で探ってみよう。

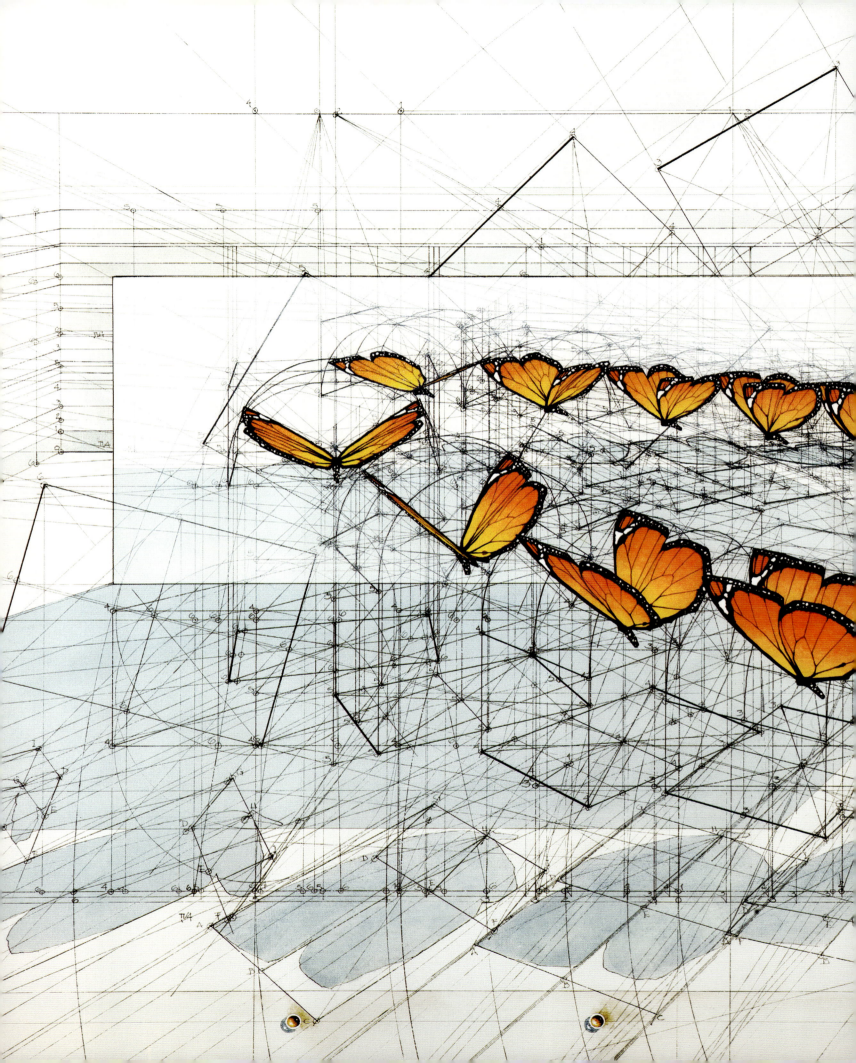

第 III 章

神聖なる比

数学なくして芸術はありえない[*1]

——ルカ・パチョーリ

その手に魂がこめられなければ、
芸術は生まれない

——レオナルド・ダ・ヴィンチ

そ␣れではここから、ルネサンス以降の芸術における黄金比を見ていこう。客観的で厳密な数学の世界から、情趣に富む主観的な美の世界へ──。理論で思考せず、心で感じとる領域に足を踏みいれれば、さまざまな意見にでくわすだろう。黄金比に関しては異論や否定的意見、偏った解釈もある。そこで読者のみなさんには、探偵、裁判官、陪審員になってもらいたい。ルネサンスの芸術家たちは、名作と評される作品に意図的に黄金比をとりいれたのか？ 本章では、入手可能な証拠のうち、できるかぎり最適なものを紹介したいと思う。どうか、存分に証拠調べをし、あなた自身の結論を出していただきたい。

教皇ユリウス2世がイタリア・ルネサンスの巨匠たち──ドナト・ブラマンテやミケランジェロ、ラファエロに、世界最大の教会サン・ピエトロ大聖堂を建設するよう命じている。フランスの画家オラース・ヴェルネ 1827年

56　神聖なる比

使用するツールと原則の覚え書

　芸術作品における黄金比について調べる前に、使用するツールと原則を示しておきたい。黄金比に関する分析には、シンプルながら特化したツールを用いた。彫像や建築物、また人間の顔など物理的なものは、黄金比用のキャリパゲージで測定可能で、これには2タイプある。ひとつは脚が2本でその間隔が黄金数、もうひとつは3本脚で、中脚が外脚2本を黄金分割する。

　デジタル画像には、私が黄金比の分析用に開発したPhiMatrixを用いた。2次元、3次元ともに、ピクセルレベルで正確にチェックすることができる。またこれなら、黄金比内の黄金比も示すことが可能である（下図）。

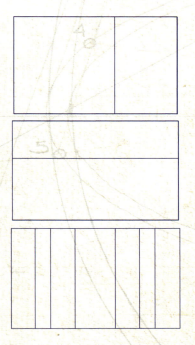

　このようなツールを使えば、ごく身近なものに潜む黄金比にも気づくことができるだろう。もちろん、作者が意図して黄金比を使った場合もあれば、たまたまそうなったにすぎないこともある。それを大前提として、黄金比か否かを判断するときは、以下の4点を原則にしたいと思う。

- **関連性**：分析対象の最もきわだった特徴、不可欠の要素に関連していること
- **遍在性**：黄金比と思われるものがぽつんと1か所のみではなく、他所にも確実に認められること
- **精密性**：最高解像度で高精度の分析をしても、黄金比の±1％以内にあること
- **単純性**：シンプルに表出していること。あるいは作り手が策を弄せず、実直に表現していること

前章までは"数学における調和と美"を見てきたが、イタリアの修道士で数学者のルカ・パチョーリが語ったように、"美のなかにも数学"がある。ユークリッドの『原論』は、1120年頃にラテン語翻訳され、活版印刷術が発明された15世紀半ばからはヨーロッパで広く読まれるようになった。黄金比に言及した文献は1490年代後半まで現われなかったものの、芸術分野では1440年代に、黄金比の見られる作品がある。後に明らかになるのだが、当時、芸術への黄金比の適用は「秘密の科学」とされ、本章で見ていくように、ルネサンスの巨匠たち──ピエロ・デラ・フランチェスカ、レオナルド・ダ・ヴィンチ、ボッティチェリ、ラファエロ、ミケランジェロ──も秘密にしていたようである。そして初めて、黄金比を包括的に研究したのがルカ・パチョーリで、パチョーリはこの独特の比を「神聖比例」と呼んだ。

フランシスコ会の修道士、ルカ・パチョーリの肖像（1495年）。左手を開いた本にのせ、右手で幾何学的な図を描いている。画面の右下には正十二面体があり、背後の若者はドイツの画家で数学者でもあったアルブレヒト・デューラーだと考えられている。この絵が描かれた当時、デューラーは20代半ばで、イタリアで学んでいた

神聖比例

　ルカ・パチョーリ（1447頃～1517年）は才能豊かな人だった。フランシスコ会の修道士だが、数学者でもあり、600ページにもおよぶ数学書『スムマ（算術、幾何学、比と比例に関する大全）』を1494年に出版。この書で複式簿記を詳述し、現代では「会計学の父」として知られる。出版後まもなく、ミラノ公ルドヴィーコ・スフォルツァに招かれて宮廷に赴き、これがレオナルド・ダ・ヴィンチとの運命的な出会いにつながった。1496年から98年にかけて執筆した『神聖比例論』（1509年刊）は、数学と芸術、建築を結びつけ、黄金比の過去の使用例を研究した名著である。しかも同書の挿画を描いたのが、当時ともに暮らしていた友人のレオナルド・ダ・ヴィンチだった。

パチョーリの『スムマ』と『神聖比例論』の表紙。ミラノを統治していたルドヴィーコ・スフォルツァはルネサンスの才能ある芸術家たちのパトロンとなり、1495年頃、レオナルド・ダ・ヴィンチに『最後の晩餐』の制作を依頼したことで知られる

パチョーリは3巻からなる『神聖比例論』の冒頭で、つぎのように熱く記している。

「本書は明敏で向学心に富む者には必読の書であり、
哲学、透視画法、絵画、彫刻、建築、音楽、
数学の学びを愛する者なら、
本書によって詳細かつ鋭い教えを得ることができ、
秘密の科学に関連する種々の問題を
楽しむことができるだろう」*2

　パチョーリは比例、わけても黄金比の芸術や建築との結びつきを語り、調和のとれた外観には"秘密"があることを示そうとした。正十二面体や正二十面体の辺、対角線の関係には黄金比が隠れているのだ。そして古代の建築やルネサンス絵画はもとより、文字Gにも美しい黄金比が見られることを示した。
　それ以前、ユークリッドは黄金比を「外中比」として記し、その独特の性質と美しさは長年にわたって知られてきたが、1.618を「神聖なる」と形容したのはパチョーリが最初だった。この神学的な表現と、ダ・ヴィンチによる人体図があいまって、哲学や芸術をはじめとするさまざまな分野で黄金比が研究がされるようになる。

レオナルド・ダ・ヴィンチ
の肖像　イタリアの彫刻師
ラファエロ・サンツィオ・
モルゲン　1817年

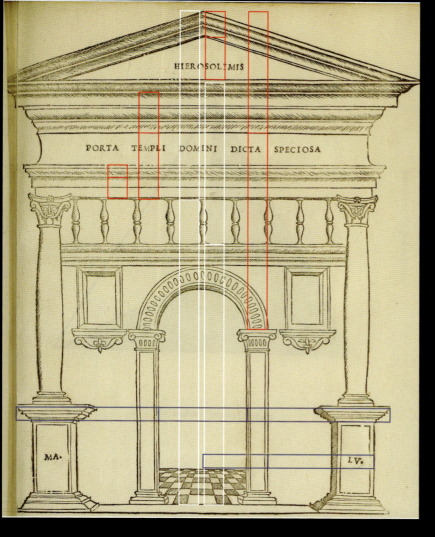

『神聖比例論』に描かれた、エルサレムの神殿の「美しの門」。グリッド線は黄金比

上：黄金比が明らかなパチョーリのG

左：ダ・ヴィンチによる『神聖比例論』の挿画。左は正十二面体、右はアルキメデスの切頂二十面体

ピエロ・デラ・フランチェスカ

　パチョーリの『神聖比例論』第3巻は、ラテン語で書かれた『五つの正多面体について』をイタリア語に訳したものだといわれている。原本の著者はピエロ・デラ・フランチェスカ（1415頃～92年）で、数学者として名をなしたが、現代ではむしろ画家として知られているだろう。

　ピエロ・デラ・フランチェスカは『絵画の遠近法論』も著した。が、この執筆以前に描いた絵画には、すでに遠近法や幾何学的配置に対する意識が見てとれる。たとえば初期の名作〈キリストの洗礼〉（1448～50年頃）で、キリストは画面の左右の黄金分割点ふたつと、2本の木がつくる黄金比で配置されている。

　また、1455年から60年の間に描かれた〈キリストの鞭打ち〉（→p.65）では、小さなカンヴァス（58×81センチ）に複雑な構成が認められる。英国の美術史家ケネス・クラークは、これを「世界で最も偉大な小絵画」と呼んだ[*3]。私が開発したPhiMatrixで見ると、とりわけ左側に念入りに黄金比が使われていることがわかる。キリストは部屋の横幅（柱と柱の間、床の2色のタイル部分）を黄金分割した位置にいて、グリッド線からわかるように、画面の右側、左側ともに、建物の構造も黄金比に一致する。

　ではつぎに、ミゼリコルディア祭壇画の〈慈悲の聖母〉（1445～62年）を見てみよう（→p.64）。冠を含む聖母の高さを黄金分割した位置にウェストのサッシュがあり、サッシュの横幅と広げた両腕の幅も黄金比の関係になっている。

　また、このサッシュに注目すると（拡大図参照）、紐のみの部分（横）と結び目、また結び目から垂れた紐も、それぞれ黄金比になっているのがわかるだろう。

　このように、パチョーリが『神聖比例論』を世に出す60年前に、ルネサンスの画家たちは黄金比を用いて、作品に構図的な調和をもたらしていた。またキリスト教芸術では、永遠なるもの、聖なるものを表わすひとつの要素が黄金比だったのかもしれない。

〈キリストの洗礼〉 1448〜50年頃

〈キリストの鞭打ち〉 1455〜60年頃

ミゼリコルディア祭壇画で、〈慈悲の聖母〉の下にある
作品にも黄金比が見られる

ピエロ・デラ・フランチェスカ 65

レオナルド・ダ・ヴィンチ

　1519年に没してから500年が過ぎたいまもなお、レオナルド・ダ・ヴィンチは芸術家、発明家、科学者として称えられている。が、それは死後に限ったことではなく、同時代の人びとも、ダ・ヴィンチを「神の手をもつ画家」と呼んだ。パチョーリの『神聖比例論』の挿画家として、ダン・ブラウンのベストセラー『ダ・ヴィンチ・コード』の核となる人物として、レオナルド・ダ・ヴィンチは長年、黄金比と結びつけられてきた。そしてこれから見ていくように、ダ・ヴィンチと黄金比の関係は、私たちの想像以上に深く、かつ長期にわたるものだった。

〈受胎告知〉 1472〜75年頃

レオナルド・ダ・ヴィンチ（1452〜1519年）は、フィレンツェでヴェロッキオ（"真の目"の意）の名で知られる画家、彫刻家の工房に入門し、徒弟時代に〈受胎告知〉を描いた。1472年から75年頃で、現存する最古の作品だと考えられている。

　天使ガブリエルがマリアにキリストの受胎を告げるその光景には、非常に興味深い比率がいくつも見られる。下に示しているように、壁の幅や庭の入り口、その他主要部分に黄金比が認められるのだ。マリアの前にある卓も、下部の飾り彫りの配置が黄金比に従っている。さらに、縦のグリッド線2本が画面を3分割しているが、ここで中央部分と外側の2つは黄金比の関係になっている。

モナ・リザ

　レオナルド・ダ・ヴィンチといえば、やはり〈モナ・リザ〉が真っ先に思い浮かぶだろう。この作品と神聖比に関しては、じつにさまざまな解釈、議論がある。〈最後の晩餐〉や〈受胎告知〉と異なり、〈モナ・リザ〉には比率を測れるような直線や物体の要素がほとんどないのだ。ウェブで「モナ・リザ、黄金比」を検索すると、あちこち異なる向きや位置の黄金螺旋を示す図版に出合い、独創的、創造的な解釈がなされている。

　現代では黄金螺旋もよく知られているが、はたしてダ・ヴィンチが意図的に使うことがあっただろうか。ルネ・デカルト（1596〜1650年）が対数螺旋を初めて数学的に解析したのは、ダ・ヴィンチの時代より100年以上も後のことである。

　もちろん、いまとなってはダ・ヴィンチの真意を知る由もない。だが、螺旋よりもっと単純に考えてよいのではないか。頭頂部を基準に、画面全体に黄金分割線を引いてみると、モナ・リザの左目がぴったりライン上にきて、髪もほぼ囲まれているのがわかる。また、頭頂部から腕の間で、顎と襟ぐりが分割線の位置になる。

　ルネサンスの巨匠は、比率を意識して描いたのか──。その可能性は高そうに思えるものの、確かめる術はない。

世界で最も有名な絵画のひとつ〈モナ・リザ〉は、パリのルーヴル美術館で常設展示されている

68　神聖なる比

ダ・ヴィンチの作品で、黄金比が最も明確に見られるのは〈最後の晩餐〉だろう（1494〜98年）。構図も建築要素も、明らかに黄金比を示しているのだ。たとえば、テーブル面から天井までを見てみると、イエスの頭頂部が中点にあり、窓の上縁で黄金比に分けられる。また、上部のアーチ内にある飾りの盾は、どれもアーチの左右を黄金分割し、中央の盾では装飾も同様。テーブル前の弟子たちの位置どりも、イエスに対する黄金比だと分析する研究者もいる。

　もう一点、1490年頃に描かれた有名な図に〈ウィトルウィウス的人体図〉がある。これは古代ローマの建築家で軍の技師でもあったウィトルウィウス（紀元前75頃〜15年頃）が記した、理想的な人体比率に基づいたものである。ウィトルウィウスは、その著『建築書』の第3巻で、建築における割合のおおもとは人体で、8頭身が理想だとした。

〈最後の晩餐〉1494〜98年

レオナルド・ダ・ヴィンチ　69

「人体の中心が臍なのは当然である。
仰向けに寝て両手両足を広げ、
臍を中心とした円を描くと、
指先およびつま先がその円に触れるだろう。
また、人体は円のみならず、
四角形にも囲まれている。
まず足裏から頭頂部までの高さを測り、
つぎに広げた両腕の幅を測ってみると、
後者は前者に一致する。
縦と横の線を結べば、
人体は真四角に囲まれる」[*4]

　ウィトルウィウスは人体を身長との整数比で示したので、右の〈ウィトルウィウス的人体図〉の上と左に、目安となるグリッド線を加えてみた。縦は4等分と6等分、横は8等分と10等分にしてある。これで見てみると、鎖骨、乳首、性器、膝は縦の等分線のどちらかに一致し、手首、肘、肩は横の等分線のどちらかに一致する。
　さらに黄金比を示唆するものもあり、たとえば髪の生え際から足の下までは、以下が黄金比と関連づけられる。

右ページ:〈ウィトルウィウス的人体図〉 1490年頃

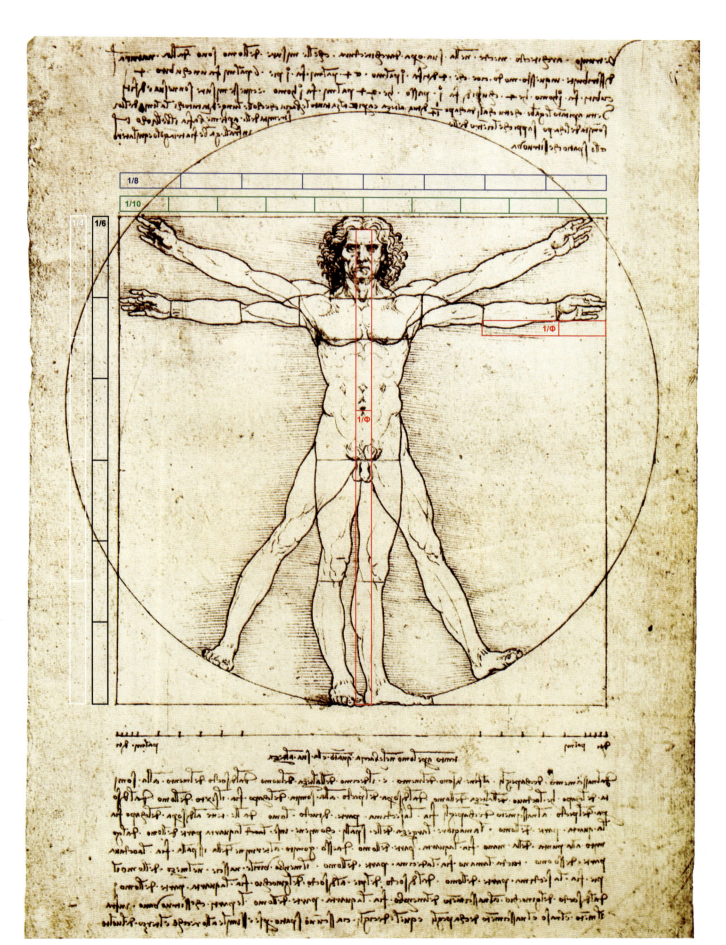

- 臍（身長の黄金比と関連づけられる場合が最も多い）
- 乳首
- 鎖骨

　肘から指先までを見ると、手首の位置で黄金分割されている。

　2011年、ダ・ヴィンチの幻の作品が発見されて話題になった。〈サルバトール・ムンディ〉（"世界の救世主"の意）と題された作品で、イングランドのチャールズ1世が1649年に所有していたことはわかっているが、1763年に売却されて以降は行方不明になっていた。美術史家で画商でもあるロバート・サイモンが長年の努力の末にこの絵を発見、ダイアン・モデスティーニが修復し、専門家による厳しい鑑定のすえ、ダ・ヴィンチ作とされた。現存するダ・ヴィンチの作品は、これを含めても20点に満たない。2017年、〈サルバトール・ムンディ〉はクリスティーのオークションで、サウジアラビア王子バデル・ビン・サウドが史上最高額の約4億5000万ドルで落札、アブダビのルーヴル美術館別館の所蔵となる。[*5]

　肖像画はおしなべて、風景や建物の描写に比べ、直線などの明確な測定基準が少ない。しかし〈サルバトール・ムンディ〉の場合は、黄金比を示す興味深い特徴がいくつか見られる。まずは頭が黄金長方形で、ほかにも——

- 手の描写が、幅を基準にした黄金比に基づく
- 球の描写が、縦を基準にした黄金比に基づく
- まとっているローブの胸もと、茶色の装飾部分にも黄金比

　さらに細かく見ると、横方向では目尻の位置、ローブの襟ぐりと茶色の装飾部分、その中央にある留め具（上下ふたつ）なども黄金比で表わせることがわかる。縦方向では、頭と襟ぐり（〈モナ・リザ〉と同様）のほか、胸前の交差部分の宝石、左手の球ごしに見える指などが挙げられる。

　このような比が意図的に用いられたかどうかは不明である。しかし、ダ・ヴィンチが黄金比を使っていたことはまちがいがなく、しかも〈サルバトール・ムンディ〉は、パチョーリの『神聖比例論』の挿画を描いてから数年以内のものである。ダ・ヴィンチの言葉を引用しよう。

右ページ：史上最高額で落札された〈サルバトール・ムンディ〉 1500年頃

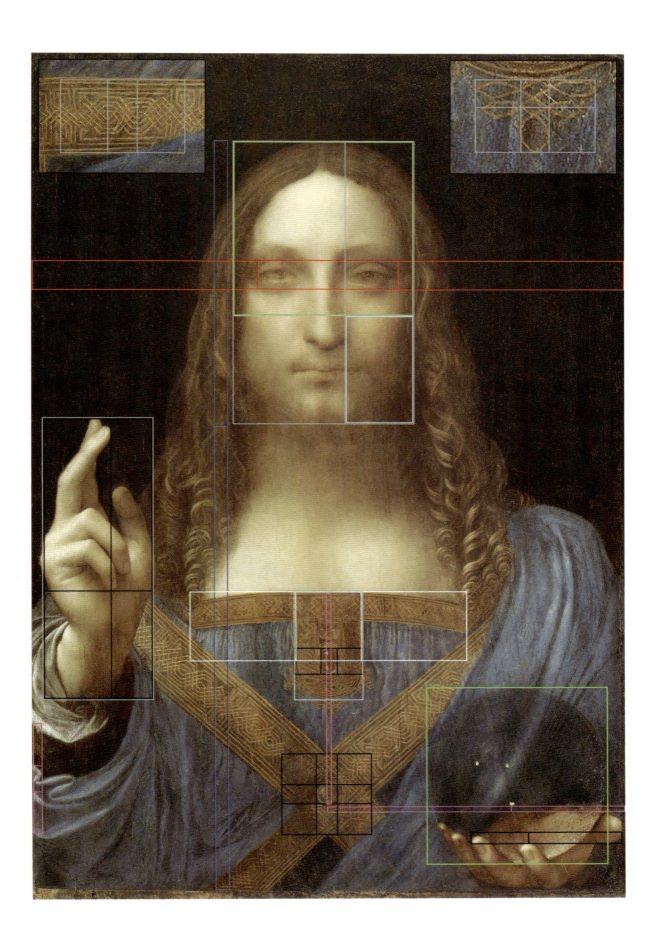

どちらも"サルバトール・ムンディ(救世主)"を描いたもの。左はイタリアのミケーレ・コルテッリーニ、右はボヘミアのヴェンツェスラウス・ホラーの作品

「人間には三種類ある──

見る者、見せられれば見る者、見ない者」[*6]

　パチョーリはダ・ヴィンチの数学の師だが、『神聖比例論』を執筆するほど、その調和と美を知るきっかけをくれたのは、おそらくダ・ヴィンチとフランチェスカだろう。ふたりはパチョーリが『神聖比例論』を著す何年も前から、"神聖なる"比を使っていたのだから。

サンドロ・ボッティチェリ

　サンドロ・ボッティチェリの〈ヴィーナスの誕生〉（1482〜85年頃）は、15世紀のイタリア芸術でもとりわけ知られた作品だろう。ラテン文学の名作、オウィディウスの『変身物語』に基づき、美の女神ヴィーナスの（画面に向かって）右には時間の女神ホーラ、左で頬をふくらませ風をおこしているのは風の神ゼピュロスで、伴う女性は春の女神クロリスである。

　黄金比が『神聖比例論』より以前に使われていたことは、この作品からもうかがえる。まず、カンヴァスのサイズが67.9×109.6インチ（172.5×278.4cm）で[*7]、縦・横の比は1.614。縦を0.16インチ減らすだけで1.618になる。カンヴァスの幅は、おそらく意図的なものだろう。当時はまだ計測単位が標準化されておらず、たとえば中世スペインの1ピエは現代の10.969インチ（27.8cm）に相当するから、カンヴァスの幅はあえ

〈ヴィーナスの誕生〉 1482〜85年頃

ボッティチェリのパトロン、ロレンツォ・デ・メディチ（大ロレンツォ）。
ベノッツォ・ゴッツォリ〈若き王の行進〉（1459〜61年頃）より

て"10ピエ"にしたとみなしてよい。いずれにしても、ボッティチェリは偉大な作品を黄金比から始めたと考えられる。

〈ヴィーナスの誕生〉が、トスカーナでカンヴァスに描かれた最初の作品であることは、非常に興味深い。権力者で富豪のメディチ家がボッティチェリのパトロンだったので、その家族の結婚の祝賀として制作したともいわれる。当時のキリスト教世界で裸身が描かれることはめったにないうえ、新婚夫婦の寝室に飾られるとあっては、当然ながら物議をかもし、その後50年もの間、一般の目に触れることはなかった。

では、画面を黄金分割してみよう。

- 左右の分割線（右側）：ホーラの右の指先が黄金分割線に一致する。聖なるものに触れようとしているかのようだ
- 左右の分割線（左側）——水平線に見える土地の先端が分割線に一致する
- 上下の分割線（下側）——貝殻の上縁が符合する
- 上下の分割線（上側）——水平線とヴィーナスの臍が一致する

さらにヴィーナスの臍は、その身長を黄金分割した点にある。基準は髪の上から足の下まで、生え際から上側の足まで、どちらであろうとかまわない。

ボッティチェリは1485年から5年の間に受胎告知を何点も描いた。聖なるものと人間の出会いの描写は、神聖な比を秘めるのにうってつけだったろう。1作品を除き、黄金比のグリッド線は画面の縦・横を基準に簡単に見つかるので、頭を悩ます必要はない。

〈東方三博士の礼拝〉に描かれたボッティチェリの自画像　1475年頃

〈カステッロの受胎告知〉
1489年

右ページ：プーシキン美術館（モスクワ）所蔵の〈受胎告知〉

80-81ページ上：ルネサンスを生んだフィレンツェの現風景

80-81ページ下：ボッティチェリの〈受胎告知〉 サン・マルコ大聖堂の祭壇画より 1488～90年頃

78　神聖なる比

ラファエロ

ラファエロの自画像 1504頃〜06年

　短く"ラファエロ"と呼ばれることが多いラファエロ・サンツィオ・ダ・ウルビーノ（1483〜1520年）は、盛期ルネサンスのイタリアの画家、建築家である。ミケランジェロ、ダ・ヴィンチとともにルネサンスの三大画家といわれ、代表作はフレスコ画〈アテナイの学堂〉だろう（ヴァチカンの教皇庁所蔵）。ルネサンスの精神を見事に表現し、ラファエロといえばまずこの作品が思い浮かぶ。とりかかったのはパチョーリの『神聖比例論』が出版された1509年で、完成したのは2年後である。

　では、ラファエロはこの作品に黄金比を用いたか――という疑問は、画面下の中央にある黄金長方形（1：Φ）で解消されるだろう。ラファエロは、問われる前にささやかな宣言をしておいた、といったところか。この小さな長方形は約18×11.1インチ（46×28cm）で、中には図も文字もない。かつてはタイトル、もしくは絵の説明でも書かれていたのだろうか。

　これは黄金比以外の比率では説明できない。とはいっても、この作品には直線が豊富だから、その気になればいくらでも黄金比を見つけられる、と反論する人はいるだろう。そういう人はぜひ、以下の2点を検討してほしい。

1. PhiMatrixの線分比を他の任意の比率に設定し、黄金比の場合と同様の一貫した結果が得られるかどうか。
2. 構図の主要要素のみに注目する。たとえば、縦と横の単純な比が、手前のアーチの位置、階段の最上段、最も遠いアーチの最上部に対応しているかどうか。

　ほかの構成要素も黄金比で説明できる。ラファエロが入念に黄金比を適用したのは明白、かつ見事といえるだろう。綿密な構成比に関しては、どうか右ページを参照してもらいたい。

- 各長方形を、アポロ像がある柱の左から始めると、これが建物構造の最初の基準点になっているのがわかる
- どの長方形も右側の、構図の主要部分まで延びる
- 特徴的な部分は、黄金比で分割できる

〈アテナイの学堂〉 1509〜11年

ミケランジェロ

盛期ルネサンスのもうひとりの巨匠ミケランジェロ（ミケランジェロ・ディ・ロドヴィーコ・ブオナローティ・シモーニ、1475〜1564年）も、黄金比の傑作を残している。システィーナ礼拝堂の天井画の分析では、主要な構成要素における黄金比の例が20か所以上、明らかにされた。

なかでもきわだっているのは〈アダムの創造〉で、神とアダムの指先が、縦・横の黄金分割点で触れ合っている。

右：ミケランジェロの肖像　イタリアの画家ダニエレ・ダ・ヴォルテッラ　1544年頃

下：ミケランジェロによるシスティーナ礼拝堂の天井画　1508〜12年

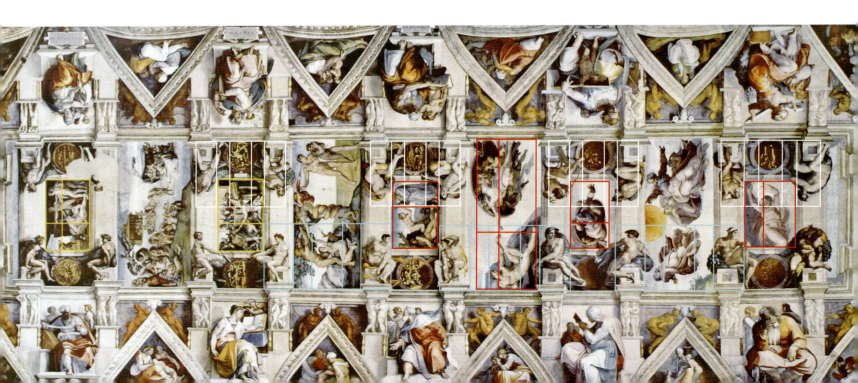

　ミケランジェロは天井画のほかの部分でも、黄金比に触れるようなポーズで人物を描いている。左ページ下に、黄金比のグリッド線を示しておいた。なかには手が、黄金比をつかんでいるかに見えるものもあり、"聖なるもの"に対する人間の欲求が表現されているのだろう。

上：〈アダムの創造〉

下：〈原罪と楽園追放〉

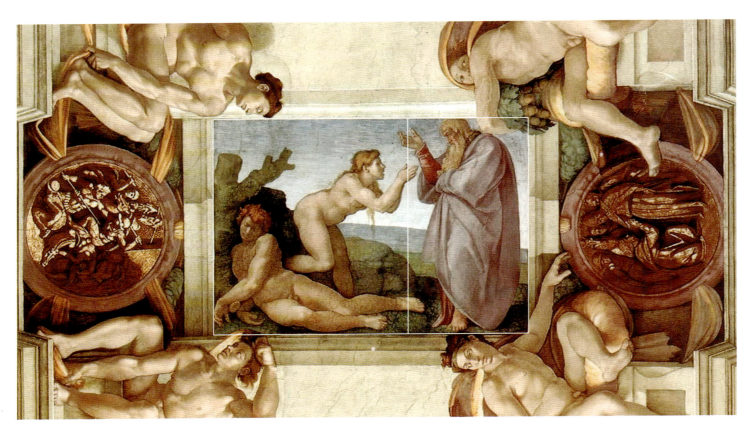

〈エヴァの創造〉

〈大地と水の分離〉

〈ノアの泥酔〉

　天井画の中心をなすのは『創世記』に基づく9作品で、その最後が〈ノアの泥酔〉である。絵画自体が黄金長方形の誤差2%以内にあり、ノアの息子ふたりが黄金分割線を指さしている。さあ、ここを見なさいといっているようで、ミケランジェロが神聖なる比を用いたのはまちがいないだろう。

システィーナ礼拝堂のルネット部分には、旧約聖書の「ルツ記」に登場するサルマ、ボアズ、オベデの名があり、ルツが赤ん坊のオベデをいとおしげに抱いている

現代のヴァチカン市国。ローマ教皇庁が統治し、サン・ピエトロ大聖堂がある

　ミケランジェロの天井画と神聖比例の関係にまだ疑問が残るなら、キリストの祖先たちが描かれたルネット部分を見てほしい。名前が記された部分の高さと幅は、1〜2ピクセルの誤差内で黄金比になっている。比の平均は1.62で、黄金比は1.618。1000分の1単位の精度である。

　ミケランジェロは教皇ユリウス2世に命じられ、この壮大な天井画を描いた（1508〜12年）。宗教的意義を考えれば、聖書の内容に視覚的、構成的調和をもたらすために神聖比を多用したところで驚くにはあたらない。ミケランジェロをはじめとするルネサンスの巨匠たちが聖なる比を考えなかったとしたら、むしろそちらのほうが驚きだろう。

第IV章
黄金の建築とデザイン

私の絵には
詩情が見えるといわれるが、
私は科学しか見ない[*1]

——ジョルジュ・スーラ

目で見るもの、耳で聞くものは何であれ、代数的、幾何学的に説明できる。地平線のかなたまで広がる町の風景も、コンピュータ画面では赤、緑、青の256の階調、16,777,216色で再現できるのだ[*2]。また、美しい歌のメロディも、その瞬間、瞬間は周波数と振幅の組合せで表わせる。

これまで見てきたように、黄金比はその独特の性質で芸術家や哲学者たちを魅了し、作品に用いられてきた。ただ、それがいつ、どこで始まったのかはいまのところ不明である。といっても、古代エジプトの人びとが、この比がほかとは違うことに気づいていたのは、その遺跡から明らかだろう。

Φとπ──ギザのピラミッド

　現在のカイロから南に約10マイル（16km）、ナイル川から西に約5マイル（8km）のところにあるギザの三大ピラミッドは、4000年以上にわたり、さまざまな意味で世界じゅうの人びとを魅了してきた。周囲の光景を圧倒する3つの巨大な角錐は、エジプトがとりわけ繁栄した第4王朝のファラオたち──クフとその息子カフラー、孫のメンカウラー──の王墓とされ、カフラーのピラミッドから約546ヤード（500m）東には大スフィンクスがあり、その顔はカフラーの顔だともいわれる。それにしても、2トンを超える岩を何千、何万と運び、ここまで正確に積み上げて巨大な建造物をつくる技術と労力には、科学技術の進歩した現代でもなお、驚嘆するしかない。

大ピラミッド

　「ギザの大ピラミッド」といえば、3基のうち最大のクフ王のピラミッドを指し、"世界の七不思議"といわれる建造物のなかで最古、かつ大部分が残っている唯一の遺跡である。これがどのように設計されたかについては、いまなお侃侃諤諤の議論がつづく。紀元前2560年頃に建造されたと考えられ、研磨された外面の石がくずれおちているため、当時の正確な大きさを知るのはむずかしい。ただ、現存するものから、ほぼ妥当な

4000年以上前に建てられた三大ピラミッドは、エジプト第三の都市ギザの郊外にある

数値は割り出されている。

　大ピラミッドに円周率（π）と黄金数（Φ）が高い精度で現われることに議論の余地はほとんどない。残る疑問は、古代エジプト人がこれらの数値を知ったうえで意図的に用いたかどうかである。いずれにせよ、どうやれば大ピラミッドにπやΦが現われるのか？　それをこれから探っていこう。

ギザの大ピラミッドと、ひと息つくアラブの遊牧民
19世紀末の絵画

94　黄金の建築とデザイン

1．Φに基づくピラミッド（四角錐）と大ピラミッドの差は、0.07％以下

　Φは、二乗すると元の数の＋1になる唯一の数である（→p.11）。ヨハネス・ケプラーはこの性質とピタゴラスの定理を結びつけ、辺の比がΦ：√Φ：1になる直角三角形（ケプラー三角形）を導いた。そこでこの三角形を使ってピラミッド（四角錐）を描いてみると、高さは√Φ、底面の1辺は2になる。√Φ＝1.272とすれば、1辺との比は0.636。

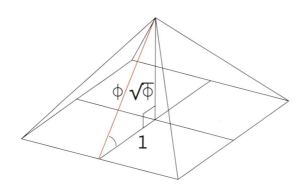

　ギザの大ピラミッドの元の高さは推定480.94フィート（146.59m）、底面の1辺は755.68フィート（230.33m）だから[*3]、この比を計算すると――0.636。上の数値と等しくなる。大ピラミッドは、まさにケプラー三角形の実例といってよいだろう。少なくとも小数点第三位まで正確である。また、1辺を755.68として、高さをできるだけ正確な黄金数で求めると480.62になり、大ピラミッドとわずか3.84インチ（0.1m）、つまり0.067％の差しかない。ピラミッドが黄金比と無関係なら、信じがたいほどの偶然といえるだろう。

　ケプラー三角形に基づくピラミッドには、ほかにも興味深い性質がある。たとえば、側面4つの合計面積は、底面積の黄金比になっているのだ。

- 側面の三角形の面積は、底辺（2）と高さ（Φ）の積の2分の1→Φ
- 底面積は2×2→4
- すなわち、4つの側面積の合計（4Φ）と底面積（4）の比→Φ

2. πに基づくピラミッド（四角錐）と大ピラミッドとの差は、0.03％以下

1838年、H. C. アグニューが『ギザの三大ピラミッドと円の求積法に関するアレクサンドリアからの一考察』[*4]で、非常に興味深い仮説を論じた——ピラミッドの高さを、円周が底面の周に等しい円の半径に基づいて決定したらどうなるか？　たとえば、円周8の円の場合、ピラミッドの底面の周も8、すなわち1辺は2になる。また、円周が8の円の半径は、2πで割って$\frac{4}{\pi}$、およそ1.273になる（ケプラー三角形を用いたときとわずか0.1％の差）。そこで、大ピラミッドの1辺755.68を2分の1にし、これに1.273を掛けると、高さは481.08。前述の1で計算したものと5.5インチ（0.14m）、大ピラミッドの元の高さとはわずか1.7インチ（0.04m）の差でしかない。

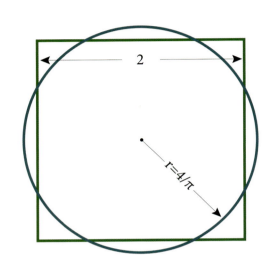

底面の1辺が2のピラミッドと、外周が同じ8となる円の半径との関係

3. 面積の関係に基づくピラミッドは、Φに基づくピラミッドと同一[*5]

πとの関係にかぎらず、べつの方法でもΦが現われる。ギリシアの歴史家ヘロドトスの著作には、ピラミッドの高さと側面についての言及があり、たびたび議論の的となっている。それは——

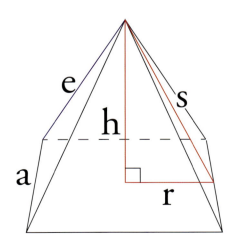

側面の面積＝高さを1辺とする正方形の面積

$$\frac{2r \times s}{2} = h^2$$

また、ピタゴラスの定理から、$r^2 + h^2 = s^2$
→　$h^2 = s^2 - r^2$　　だから

$r \times s = s^2 - r^2$

r＝1のとき、s＝s²－1。移項すると、s²＝s＋1。くりかえし見てきたが、Φは二乗した数が元の数より1だけ大きくなる唯一の数である。よって、sの正数の解はΦ──。もし、側面積と高さから得た面積が大ピラミッドの構造の基本にあるとすれば、意図的かどうかはさておき、Φとは切っても切り離せないということがわかる。

4．古代エジプトのセケドに基づくピラミッドと大ピラミッドの差は、0.01％

ピラミッドの建造では、勾配を表す「セケド」が用いられたと考えられている。セケドは水平距離（ピラミッド底幅の2分の1、単位は"パーム"）と高さ（単位は"キュビット"）の比である。セケドの概念はエジプトで発掘された紀元前1550年頃の「リンド数学パピルス」にも見られるが、大ピラミッドが建造される以前、紀元前3000年にはすでに使われていた[*6]。キュビットは身体尺で、地域によって異なるものの、古代エジプトの「王のキュビット」の場合、1キュビットは7パーム（1パームは指4本の幅、7パームはおおよそ20.7インチ、52.5cm）に等しく、1パームは4ディジットからなる。大ピラミッドの最新技術による調査では、セケドは5.5とのことだから[*7]、高さ1キュビット（＝7パーム）に対して水平距離は5.5パーム。このとき、水平距離は1辺の2分の1なので、これを倍にして考えると（11パーム）、高さは$\frac{1}{11}$キュビットになり、単位をパームに揃えれば$\frac{7}{11}$──0.63636になる。大ピラミッドの1辺755.68フィート（230.33m）にこの比を掛けると、高さは480.88フィート（146.57m）で、大ピラミッドの元の高さと0.67インチ（0.017m）しか違わない。

パレルモ石の一部。第2王朝のファラオ、ニネチェルの時代におけるナイル川の増水をキュビットやパームで表わしている

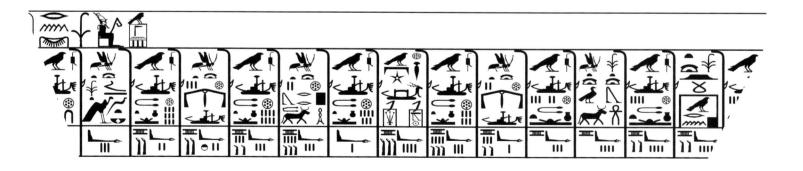

大ピラミッドがいかにして設計されたか、幾何学的知識があったのかなかったのか、その知識は後年失われたのか、などについてはまったくわかっていない。わかっているのは、その向きが真北からわずか3度しかずれていないことなど、古代エジプトの人びとは驚くほどの正確さでピラミッドを造ったということである。Φとπに基づいて建造することで、ピラミッドはほぼ同一の幾何学的構成になったといってよいのではないか。

もし大ピラミッドのみに黄金比があるなら、たまたま一致しただけの、偶然の結果でしかないという意見は後を絶たないだろう。しかし近年、クフ王のピラミッド以外にも黄金比が見られることが明らかになったのだ。それも、かなりの精度で——。

ギザの三大ピラミッド

クフ、カフラー、メンカウラー――三大ピラミッドの位置関係

　3基のピラミッドを俯瞰してみよう。衛星画像をもとに、まず大きいほうの2基（クフとカフラー）の外周に添った矩形を描く（下図参照）。すると、カフラーのピラミッドの東端が、東西をほぼ黄金分割していることがわかるだろう。

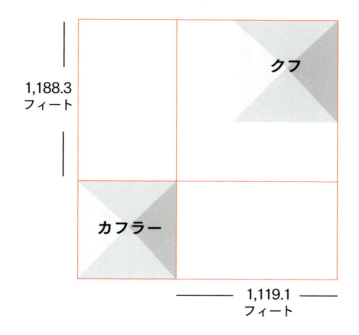

　そして南北では、カフラーの北端がほぼ分割線になっている。
　この位置関係は、考古学者グレン・ダッシュによる調査データでも確認できる[*8]。外周を囲む矩形の横（東西）は約1,825.5フィート（556.4m）、縦（南北）は約1,894.4フィート（577.4m）で、カフラーのピラミッドの横幅は707.0フィート（215.5m）である[*9]。これをもとにすると、2つのピラミッドの東端と東端の距離は1,119.1フィート（341.1m）、北端間の距離は1,188.3フィート（362.2m）になる。東西、南北それぞれの比をとると、1.632および1.594で、その平均1.613は1.618にきわめて近い。
　さらに、クリス・テダーによるギザのピラミッドの分析[*10]は、三大ピラミッドの位置関係を簡潔に指摘している。ピラミッドの頂点を基準にすると、ふたつの黄金長方形が現われるのだ（次ページ参照）。

1　　1.618	∟	∠
クフとカフラーの位置関係	クフ／カフラーと クフ／メンカウラーの頂点	クフの ピラミッド

　では、テダーの分析を、ダッシュの正確な計測データに基づいて見てみよう。下図は上から、メンカウラー、カフラー、クフのピラミッドである。頂点間距離は、縦方向——メンカウラー／カフラー：785.7フィート（239.5m）、カフラー／クフ：1,095.5フィート（333.9m）、横方向はそれぞれ、1,265.4フィート（385.7m）、1,162.4フィート（354.3m）。ここから、長方形がふたつできる——1,881.2×1,162.4フィート（青）と、1,265.4×785.7フィート（赤）。大きいほうの長方形は完全な黄金比をもち、小さいほうの比は1.610で、Φとの差はわずか0.08である。

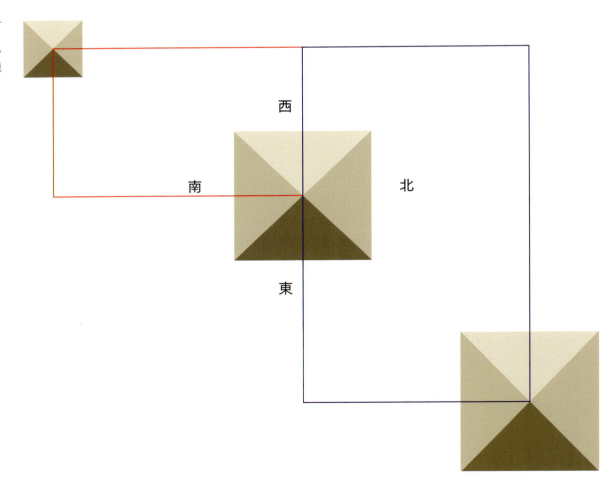

クリス・テダーの分析では、3つのピラミッドの頂点から、黄金長方形がふたつ現われる

100　黄金の建築とデザイン

まとめると、最新の計測値による三大ピラミッドの幾何学的関係は以下のとおり。

- クフとカフラーの東端および北端間の距離と、カフラーの底幅に対する比を平均すると、約1.618
- クフとカフラーの頂点の南北間距離と、クフとメンカウラーの頂点の東西間距離は、比をとると1.618
- クフのピラミッドの高さ（頂点から底面への垂線）と、側面の三角形の高さ、それぞれが底面とまじわる点で直角三角形をつくると、斜辺と底辺の比が1.618

王妃のピラミッド

クフのピラミッドの東側には小さめのピラミッドが3基あり、クフの母の女王ヘテプヘレス1世、クフの妃メリタテス1世、もうひとりの妃ヘヌトセンのものだと考えられている[*11]。以下に示すように3基を囲むと、メリタテスとヘヌトセン部分の長さはΦで表わせる。

メンカウラーのピラミッドのすぐ南にも「女王のピラミッド」と呼ばれるものが3基あり、形は不規則ながらも、南面の位置関係を見ると（下図参照）、上記のピラミッド同様、黄金比の関係にある。

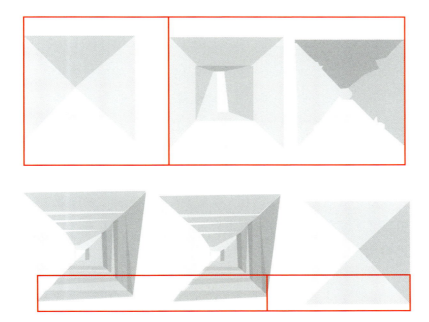

上：衛星画像をもとにすると、クフのピラミッドの東側にある3基の並びには黄金比が認められる

下：「女王のピラミッド」にも黄金比

右：たそがれ時の荘厳なスフィンクス　ロシアの画家 V. F. ウリヤノフ（1878〜1940年）　1904年

下：俯瞰すると、大スフィンクスにも黄金比が認められる

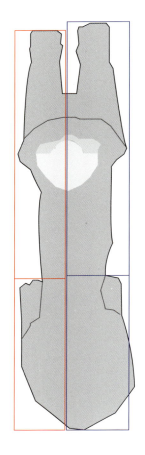

大スフィンクス

　ギザにはもうひとつ、言及しないわけにはいかない重要な歴史的遺物——大スフィンクスがある。衛星画像に基づいて全長と左右の関係を見ると、やはり黄金比が認められる。

　ピラミッド建造の歴史、設計、計算法、目的に関しては、いまなお多くのことがわかっていない。ただ少なくとも、ギザの地の幾何学的配置には黄金比が色濃いとはいえるだろう。今後、さらに研究が進み、消えずに残る大きな疑問が解決することを願ってやまない——なぜ、はるか古代の人びとは壮大なピラミッド群をこの配置にしたのか？　より美しく、より自然と調和するように思えたのだろうか。もしそうでないなら、黄金比はなぜ、古代の偉大な建築物にこうも頻繁に現われるのか。

102　黄金の建築とデザイン

フェイディアスとパルテノン神殿

　古代ギリシアの彫刻家で建築家でもあったフェイディアス（紀元前480頃〜430年頃）は、黄金比の分析には欠かせない。というのも、1.618に使われるギリシア文字Φは、フェイディアスの名が由来だからだ。

　現存する"フェイディアスの作品"は、どれも原作ではなくレプリカである。オリンピアのゼウス神殿のゼウス像は消失し、世界七不思議のひとつとなった。女神アテナの像など、パルテノン神殿の彫像もよく知られたところだろう。そのフェイディアスが、作品に黄金比を適用したのはまちがいないといってよい。たとえゼウス像やアテナ像の原作が失われても、古代ギリシアのキャノン（理想的なプロポーションの人体彫刻）や、アテナイのアクロポリスにいまもなお、フェイディアスの遺産は生きつづけている。

　アクロポリスの上に建造されたパルテノン神殿（紀元前447〜438年）は、黄金比を用いた建築の代表例とされることが多いが、もちろんこれには反論もある。ユークリッドが『原論』で黄金比（外中比）を記したのは、神殿の完成から100年以上も後だからだ。

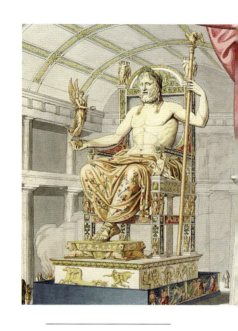

オリンピアのゼウス像の想像図（19世紀）。宝石が飾られた黄金象牙像はじつに巨大で、高さは39フィート（12m）あった[*13]。古代の世界七不思議のひとつ

Φとフェイディアス

　黄金比をギリシア文字のファイ（Φ）で表わすようになったのは、20世紀初頭である。英国の美術評論家サー・セオドア・A. クックの『生命の曲線』（1914年）によると、Φを使い始めたのは米国の数学者マーク・バーらしい（同書p.420）。そしてΦが選ばれた理由として、つぎのように記している──「円周率πの問題にとりくむ者にギリシア文字はなじみやすく、フェイディアスの頭文字でもあるからだ。フェイディアスの彫刻では、主要部分にこの比がよく見られる」[*12]。一方、ギリシア文字のΦはFに対応するため、フィボナッチ（Fibonacci）のほうが関連性が強いのではないか、という指摘もある。

　パルテノン神殿の設計には意図的に黄金比が用いられた、と断定するのは早計だろう。なぜなら——

- パルテノン神殿には周囲に46本、内部に39本の柱が異なる間隔で配置され、比率もさまざま異なる
- 神殿は部分的に倒壊しており、原形の特徴や高さは推測に頼らざるをえない

　黄金比は、東側の面で最も顕著である。そこに黄金長方形と黄金螺旋を重ねたものを107ページに示しておいた。ただしこの図は、黄金長方形を階段2段め下部と、ペディメント（屋根の三角形部分）の推測される頂点に合わせてある。こうすると、全体の高さと柱頭までがほぼ黄金比になり、柱頭からペディメント頂点までと、ペディメントの

上：岩肌粗い丘——アクロポリス——から、現代のアテネの街を見下ろすパルテノン神殿

左ページ：パリの彫刻家エメ・ミレーの〈フェイディアス〉。隣の女神像は、パルテノン神殿にあったフェイディアスの〈アテナ・パルテノス〉を縮小して模刻したもの。1887年

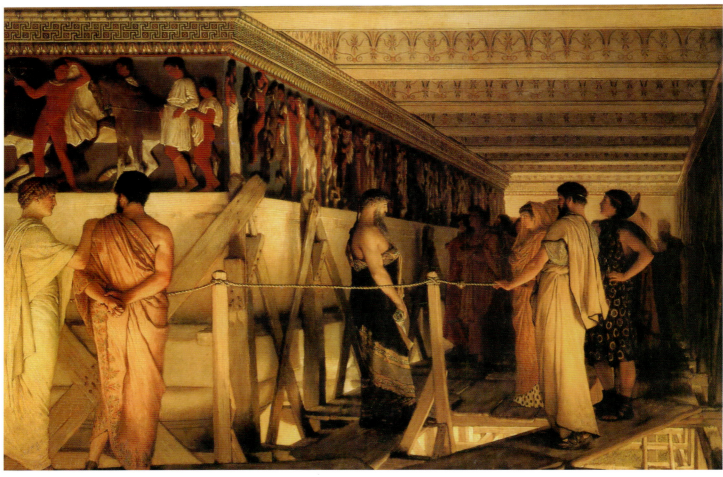

上：パルテノン神殿の建築風景を描いた〈隆盛ギリシアの光景〉 ドイツの画家アウグスト・アールボルン 1836年

下：〈神殿のフリーズを友人に見せるフェイディアス〉 オランダ系英国の画家サー・ローレンス・アルマ-タデマ 1868年

下線も同様である。とはいえ、この程度では、神殿設計に黄金比が意図的に用いられた証拠としてはまだ弱い。

　そこで、エンタブラチュア（柱の上、横方向の梁）の白いグリッド線を見てほしい。フリーズ（彫刻部分）の下線が、縦のラインを黄金分割しているのだ。さらにフリーズを拡大してみると（下図中央）、トリグリフ（縦溝がある部分）、およびトリグリフにはさまれたメトープ（浮かし彫り部分）は黄金長方形をつくっている。

2500年ほど前に建てられたパルテノン神殿にも、明らかに黄金比

ドイツの建築家で美術評論家でもあったゴットフリート・ゼンパーが描いたパルテノン神殿のフリーズ（1836年）。メトープとトリグリフの黄金比は明らかである

　最後に、パルテノン神殿の平面図を見てみよう。柱は横に8本、縦に17本あり、その内側には横6本の柱、内室につづく入り口が上下にひとつずつある。

- 内側の柱（横6本）を短辺として長方形をつくると、長辺は内室の仕切り壁でほぼ黄金分割される
- このとき短辺は、入り口の左右で黄金分割される
- 内室下側の4本の柱が、外周の柱でつくる長方形を左右に黄金分割する。このとき、縦線2本の中央と、アテナ像の台座の中央が一致する

　神殿の建築から400年以上たった紀元前20年頃、ローマの軍事技師ウィトルウィウス（→p.70）は『建築書』に、家屋の理想の間取りを記した。いたるところに黄金比があることから、ウィトルウィウスは古代ギリシアの芸術・建築に黄金比が使われたことを知っていたように思われる。

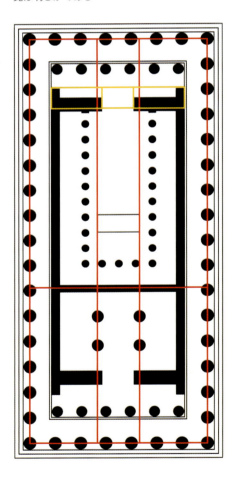

左：パルテノン神殿の平面図

下：ウィトルウィウスの『建築書』にある理想的な間取り図。黄金比が多用されている

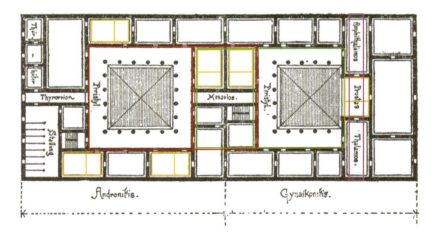

108　黄金の建築とデザイン

黄金の大聖堂

　キリスト教がヨーロッパで広まるにつれ、神への畏敬を表わすものとして、また人びとの暮らしの中心をなすものとして、荘厳な大聖堂が築かれていった。中世ヨーロッパにおいて、大聖堂の建造は地元の力の結集ともいえ、膨大な経済的、技術的、芸術的、人的・物質的資源が必要なことから、住民たちは強い決意と熱意をもってとりくんだ。完成までに百年以上かかることもしばしばで、世代を超えた結びつきの要ともなる。

美しい神聖比例が見られるノートルダム大聖堂（パリ）の北の薔薇窓

現存する大聖堂でもひときわ荘厳な聖堂の建設が始まったのは、1163年のパリである。当初、指揮をとったモーリス・ド・シュリ司教は1196年に没し、西のファサードが完成したのは1225年。全体が完成したのは13世紀半ばだが、その後も増設や補修がくりかえされて世紀を超え、ようやくいまの姿になった。これが現代のパリで最も人気のある観光地のひとつ——ノートルダム大聖堂である。ゴシック様式の代表格であるこの聖堂でも、西のファサードと北のステンドグラスの薔薇窓に黄金比が見られる。

　パリで大聖堂の建設が始まってしばらくすると、南西50マイル（80km）のシャルトルでも大聖堂の建築が始まった。こちらは1220年に完成したが、ノートルダム同様、あちらこちらに黄金比が見てとれる。が、じつのところ、この2例にかぎらず、ヨーロッパ各地の大聖堂で黄金比の適用が次つぎ明らかになってきた。

左ページ：ノートルダム大聖堂の西のファサードには黄金比がいくつも見られる

左：シャルトル大聖堂の西側ファサードの窓。1867年のデッサン

112ページ：シャルトル大聖堂の美しい南の薔薇窓

113ページ：町を見おろすシャルトル大聖堂の南のファサード

黄金の大聖堂　111

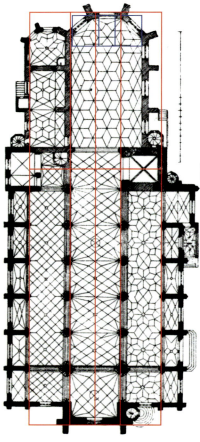

上：南翼廊の窓の一部。中央下の文字部分は黄金分割の位置にあり、シャルトル大聖堂の設計に黄金比がとりいれられたことにまず疑いの余地はない

下（左）：シュティフト教会（ドイツのシュトゥットガルト）の平面図。300年以上かけて建造された教会だが（1240〜1547年）、この19世紀後半の図面には黄金比が見られる

下（右）：後期ロマネスク様式のリンブルク大聖堂（ドイツのヘッセン）の西のファサード

1296年、世界にその名をとどろかせる大聖堂——サンタ・マリア・デル・フィオーレ大聖堂（フィレンツェ）の建造が始まった。設計はアルノルフォ・ディ・カンビオで、広い身廊3つと、八角形の胴部の上にクーポラ（大円蓋）がある。カンビオの死後は指揮官が交代しながら建設はつづき、そのひとり、フランチェスコ・タレンティが身廊を拡張。1350年代のヨーロッパでは最大の聖堂となった。また身廊の中央入り口のそばで、300フィート（91m）近い高さでそびえる鐘楼を完成させたのもタレンティである（1359年）[*14]。

　有名なクーポラの建設は遅く、絶大な力をもつメディチ家が設計案を公募し（1418年）、フィリッポ・ブルネレスキの案が採用された。1436年にようやく完成したクーポラは、当時としては画期的な技術の成果といえる。床上171フィート（52m）の位置から、幅は144フィート（44m）、先端部まで含めると375フィート（114.5m）になる[*15]。これほど大きなものを木材で支えるのは困難で、ブルネレスキは400万個以上の煉瓦をはじめ、独創的なアイデアを駆使した。そして多くの努力が実を結び、石造りのクーポラとしては、現代でもなお世界最大を誇っている。この壮大な聖堂に黄金比が散見されるのは、あえていうまでもないだろう。

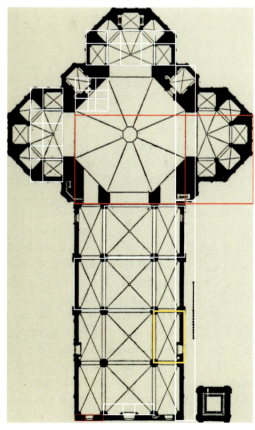

左：世界に名だたるクーポラ。工学的な傑作には黄金比が認められる

右：最終的な設計図にも黄金比

116−117ページ：荘厳で巨大なサンタ・マリア・デル・フィオーレ大聖堂。外観からも黄金比は明らか

黄金の大聖堂　115

タージ・マハル

　古代のギリシアからおよそ2000年後、4000マイル（6,437km）ほど離れた地に造られたタージ・マハルは、ムガル帝国の皇帝シャー・ジャハーンが愛妃を偲んで建てた墓廟である。妃ムムターズ・マハルは1631年、出産後に命をおとし、墓廟がほぼ完成したのは12年後だが、その後10年をかけて手が加えられ、いまの美しい姿になった。

シャー・ジャハーン（1592〜1666年）と愛妃ムムターズ・マハル（もとの名はアルジュマンド・バーター・ベーグム、1593〜1631年）。ラクダの骨に描かれ、象嵌は半貴石。ウダイプール（インド）で発見された

　インド建築の代表作とされるタージ・マハル（インド北部のアーグラ）の建設を指揮したのはペルシアの建築家ウスタド・アフマド・ラホーリで、2万人もが動員されたという。基本の部分で黄金比が使われたのは、中央の円蓋を見れば明らかだろう（右ページ）。
　また、アーチ窓の幅や位置も、中央の円蓋を基準とした黄金長方形で説明できる。これに限らず、中心施設の幅や高さ、左右の塔の位置など、タージ・マハルには明らかな黄金比が認められる。

スーラと黄金比

　フランスの画家ジョルジュ・スーラ（1859～91年）は、19世紀後半に新印象派を創始したことで知られる。代表作はなんといっても、点描法による〈グランド・ジャット島の日曜日の午後〉だろう（1884～86年）。

　ルーマニアの数学者で哲学者でもあったマティラ・ギーカーは、その著『芸術と生命の幾何学』で、「スーラはすべてのカンヴァスで黄金比にとりくんだ」と述べている[*16]。非常に興味深い指摘だが、はたしてほんとうにそうなのだろうか？　ギーカーの指摘にはまったく意味がないとする研究者もいるが、ここで実際に検証してみよう。

　スーラの全作品を調べてみると、カンヴァスも板も、縦長、横長を問わず、約4分の1が黄金長方形であることがわかった。しかもこれは、けっして"たまたま"ではない。さらに分析したところ、これら作品の約3分の1で、画面要素の多くが位置どりや比率で黄金比に対応していたのだ。

上：印象主義に数学要素を加えたジョルジュ・スーラ 1888年撮影

右：〈アニエールの水浴〉1884年

下：黄金長方形（板）に描かれたスーラの作品

〈オンフルールの灯台〉 1886年

〈グランド・ジャット島の日曜日の午後〉の習作 1884年

左ページ上:〈鍬を持つ農夫〉 1882年頃

左ページ下:〈石割り職人たち〉 1883年頃

左:〈傘をさす女〉 1884年 構成が黄金比で、カンヴァスのサイズもほぼ黄金比

〈クールブヴォワの橋〉 1886〜87年

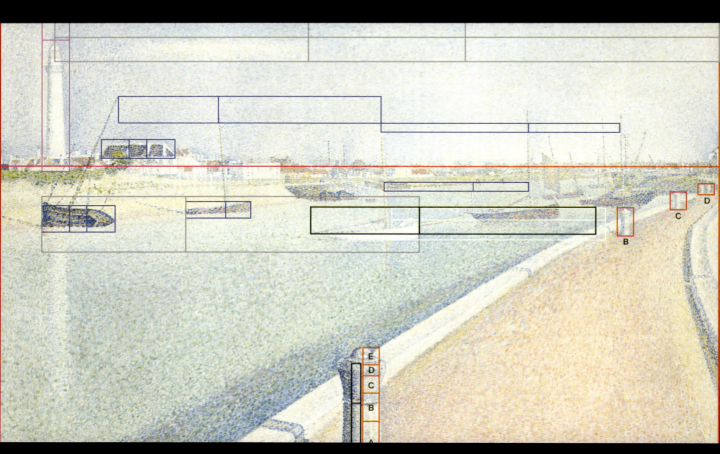

〈グラヴリーヌの運河、プティ・フォール・フィリップ〉1890年

1888年の〈グランド・ジャットのセーヌ川〉（下図）には、明瞭かつ正確な黄金比がいくつも見てとれる。たとえば──

- ヨットは、画面の縦を黄金分割するラインに正確に配置されている
- 手前にある草地と川面の接点は、画面の左右を黄金分割した位置
- 向こう岸にある建物は黄金長方形でくくられ、かつ黄金比に分割できる
- ヨットの帆を見ると、小さいほうの高さと幅は、大きいほうを黄金分割したものに対応する
- ボートの漕ぎ手は、ヨットの底から画面下を黄金分割した位置にいる

　このように見てくると、スーラがすべてのカンヴァスで黄金比にとりくんだかどうかはさておき、ふんだんに利用したのはまちがいなさそうに思える。

スーラと黄金比　125

ル・コルビュジエとモデュロール

　近代建築を代表する名匠ル・コルビュジエは1887年、スイスで生まれた。本名は、シャルル・エドゥアール・ジャンヌレ。時計の文字盤職人の家庭で育った少年は、地元ジュラの山並みを歩いては自然への愛をはぐくみ、美術に関心をもち、図書館で建築書や哲学書に読みふけった。成長して建築を学ぶと、ヨーロッパ各地で仕事をこなし、「ル・コルビュジエ」という名を用いるようになったのは30代である。その後、数々の名建築を手がける一方で、「モデュロール」――黄金比と人体のプロポーションに基づく尺度基準――を開発する。機能性と美をあわせもち、工学、建築、デザインなど分野を問わず利用できることを目指したもので、ル・コルビュジエのいう「調和のとれた尺度」では、身長6フィート（1.83m）の人間が片手をあげたとき、手の位置、頭、臍が黄金分割点になる。オーストラリアの建築学の教授マイケル・J. オストワルドはつぎのように語った。

> 「ル・コルビュジエは、建築には
> 人体への適応性と黄金比の美が共存する
> 尺度体系が必要だと考えた。
> 黄金比と人間の身長が
> 比例するような体系があれば、
> それを理想的な土台とし、
> 普遍的な基準ができあがる」[17]

ル・コルビュジエは、建築物の機能と外観の美を向上させる比率として、ウィトルウィウスやダ・ヴィンチ、パチョーリなど、数学と自然美の調和を研究した巨匠たちの足跡をたどった。

そして1940年代半ばに完成したモデュロールを以下の設計に応用した。

- 国際連合の本部ビル（ニューヨーク、1952年）
- 近代的な集合住宅のユニテ・ダビタシオン（1953年のマルセイユなど、ヨーロッパ数か所）
- ラ・トゥーレット修道院（フランスのリヨン郊外、1961年）

モデュロールと黄金比の代表例を見てみよう。1947年、ル・コルビュジエはブラジルの建築家オスカー・ニーマイヤーと共同で、ニューヨークの国連本部——全高505フィート（154m）の事務局ビル——を設計することになった。ル・コルビュジエはモデュロールを開発し、ニーマイヤーはすでに著名な建築家だったが、ル・コルビュジエに大きな影響をうけていた。建築家のリチャード・パドヴァンはその著『プロポーション：科学、哲学、建築』で、つぎのように記している。

上：コルビュジエハウスの外装にあるモデュロールの浮彫り

左：ベルリンの集合住宅、ユニテ・ダビタシオン（"コルビュジエハウス"として知られる）。窓や階の高さ、バルコニーに黄金比が見られる

ル・コルビュジエとモデュロール　127

ル・コルビュジエのモデュロールは、国際連合の事務局ビルに応用された

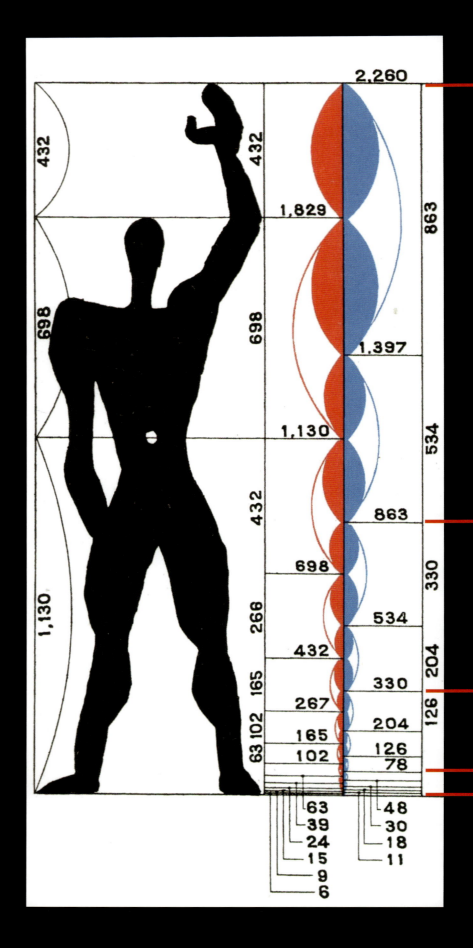

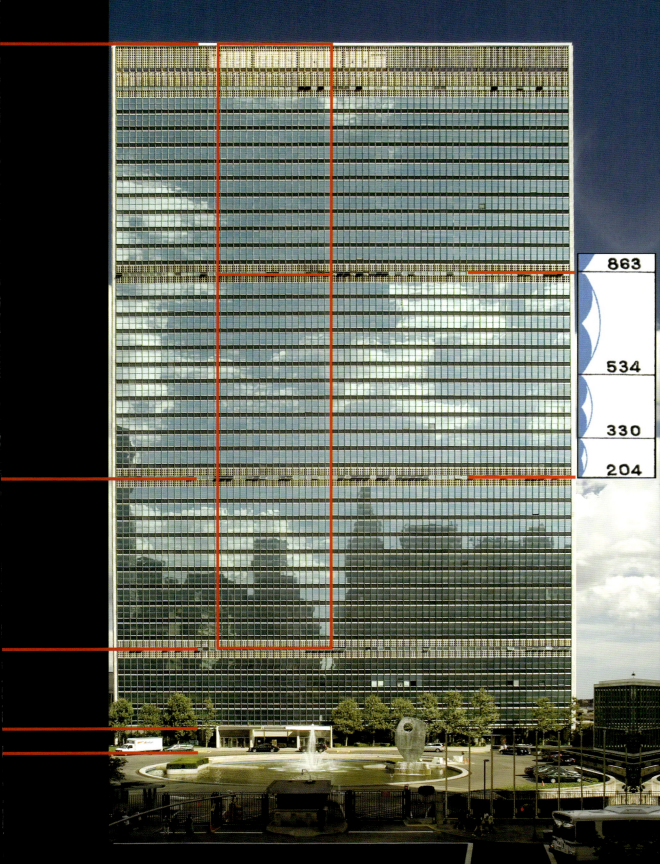

「ル・コルビュジエは設計哲学の中心に
調和と比例を置き、
宇宙の数学的秩序は黄金比と
フィボナッチ数に結びつくとし、
"視覚的にリズムがあり、
相互の関係が明確"だと語った。
このリズムは人間の動きの根底にあり、
有機的必然性によって人間の体内に反響する。
子ども、老人、教養の有無にかかわらず、
黄金比に従うのだ」[19]

　国連の事務局ビルのプロジェクトで、ル・コルビュジエは黄金長方形を3つ重ねた高層ビルを考えた（プロジェクト23A）。一方、ニーマイヤーの設計案では（プロジェクト32）、やはり黄金長方形をとりいれた高層ながら、横幅がそれより若干広めだった。最終的に、基本デザインは黄金長方形3つとし、折衷案が採用された。
　一見すると、ビルの正面には4つの帯（階）があり、39階の大半が同じサイズの長方形に収まっているようだが、実際は多少異なっている。下の長方形は9階、その上はそれぞれ11階と10階分なのだ。また、ビルの横幅は287フィート（87m）で一定であるのに対し、高さは505〜550フィート（154〜168m）で異なる[20]。ビルの正面は道路に面し、背面は川岸のためである。

ニューヨークのイースト川を見下ろす国連ビル

　ビルそのものが完璧な黄金長方形であれば（ニーマイヤーの案）、横287に対して全高は464フィート（141m）でしかない。一方、横287の黄金長方形を3つ重ねた場合、高さは532になる。そして実際の高さの平均は527.5で、532の99.2％——。わずかな違いでしかないものの、立地の前面と後面の差もあることから、つぎのような理由が考えられる。

1．黄金比は整数では表わせない無理数だが、現実の建築は階数その他、整数の制約がある。
2．骨組み部分などの建築材料は、種々の建築標準サイズに従っている。
3．500フィート（152m）を超える高層の場合、工学的制約は美的デザインよりも優先される。

ル・コルビュジエとモデュロール　131

とはいっても、黄金分割に基づくル・コルビュジエのモデュロールが国連ビルの高さに反映されているのは否定しようがない。また、ビル内部をはじめとするその他の造りにも、明らかに黄金比が適用されている。

たとえば、国連ビルを訪れる人びとを歓迎するため、正面玄関は以下のように設計された。

- 正面玄関の左右の柱は、中央に対して黄金比の位置
- 玄関の左右の透過部分は黄金長方形
- 左右のドアは黄金長方形
- 中央の床から天井までの窓、および左右のエントランスは黄金長方形

ビルを正面から見たときの帯部分（水平に並ぶ窓）には複数の黄金比が認められ（右ページの拡大図参照）、上下は黄金比で分割されている。

このように、モデュロールはビルを単純に黄金長方形にするだけではない、非常に洗練されたものであり、ル・コルビュジエの黄金比に対する情熱が伝わってくる。細部にまで配慮がゆきとどいた、複雑な黄金比からなる外観は見事なまでに美しい。ダ・ヴィンチやミケランジェロ、ラファエロたちと同じく、パチョーリの「詳細かつ鋭い教え」と「秘密の科学」に従ったものといってよいだろう。黄金比の適用で視覚的な調和をもたらした現代アートの傑作である。

国際連合事務局ビルと黄金比グリッド

写真の構図とトリミング：三分割法

　写真が趣味とか、スマートフォンやデジタルカメラの撮影術を調べた経験があれば、「三分割法」という言葉をおそらくご存じだろう。この方法は古く18世紀にまでさかのぼり、ジョン・トマス・スミスが構図の基礎として提案した（『田園風景に関する考察』、1797年）。縦・横を三分割して全体を9等分し、特に見せたいもの——たとえば地平線や人物——を分割線や交点の近くに配置するやり方で、被写体を単に中央に置くよりも見る者の興味をそそり、アピール度が増すことは、アーティストや写真家たちにも認められている。

　三分割法はわかりやすく使いやすいが、よく見ると、これも古くからある黄金比に近似しているのがわかるだろう。三分割法の分割線は、全体を1とすると0.333と0.667の位置にあり、黄金分割ではΦ^2の逆数とΦの逆数に対応する（0.382、0.618）。しかし基本の黄金比を使えば、黄金分割内の黄金分割、黄金螺旋や斜線など、さまざまなバリエーションで活用できる。

　下の図にそれぞれのグリッド線を示しておいたので見比べてほしい。

　三分割法が有効なのはあえていうまでもないが、アートの面からいえば、多少ものたりなく感じなくもない。一方、黄金比を使用すると分割パターンが増え、トリミングや配置の選択肢も増えるので、創造性豊かな仕上がりが期待できるだろう。過去500年、レオナルド・ダ・ヴィンチやジョルジュ・スーラ、ル・コルビュジエたち巨匠が視覚的調和をもたらすために使ったテクニックである。

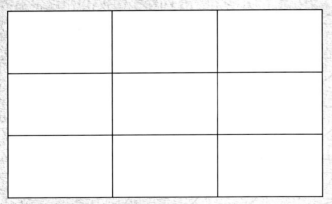

三分割法

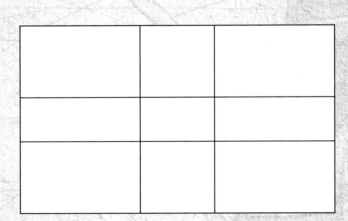

黄金分割

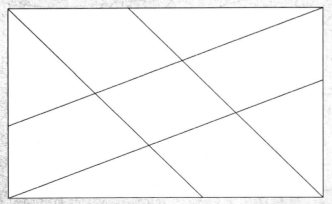

PhiMatrixによる斜線

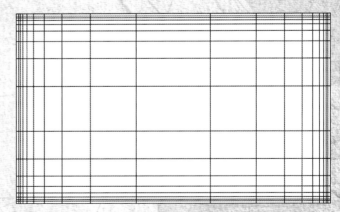

PhiMatrixによる対称分割

黄金比に基づく構図とトリミング

ロゴとプロダクトデザイン

　黄金比は芸術や建築、グラフィックデザインにとどまらず、さまざまな製品デザインにも使われている。なかには製品のパフォーマンスを向上させるものもあり、弦楽器はその代表例だろう。たとえば、イタリアのストラディヴァリ家が17世紀から18世紀に製造した、世界的に有名なヴァイオリンにも黄金比が認められるのだ。すぐれた素材、つくり、音色から、音楽家たちはストラディヴァリウスに憧れ、オークションでの高額な落札価格はよく知られたところだろう。

　黄金比は一般に、形の美しさやアピール度を向上させる。企業は潜在顧客をひとりでも多く、少しでも早く顕在顧客にしようと、ブランディングやロゴデザインに大規模予算を投入する。また、その保護にも力を入れるため、本書では具体的な図版のかたちで紹介できないが、黄金比との関連性だけは見ていこう。

　2015年、グーグルはロゴ、フォントをはじめとするブランドシンボルやアイコンを大幅に変更すると発表し、デザイン界の大ニュースとなった。そして変更後の新しいロゴを見てみると、明らかに黄金比が適用されていた。たとえば、大文字Gと小文字lの高さは、ほかの小文字の高さに対してΦであり（gのしっぽを除く）、Gとgの横幅も同様。また、検索ボックスは、ロゴ上部と検索ボタン下部に対して黄金比の関係にある。これ

アントニオ・ストラディヴァリが1721年に製作した「レディ・ブラント」。2011年、過去最高額の約1600万ドルで落札された

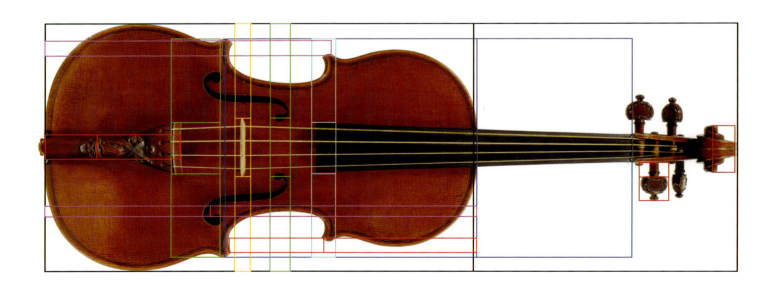

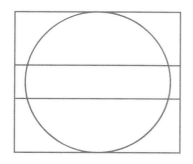 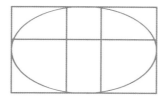 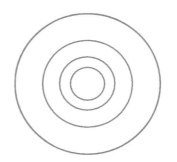 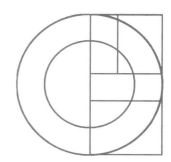

世界的大企業のロゴをごく簡略化した線画。どこが黄金比かわかるだろうか？

が、世界で最も使われているグーグルの基本デザインなのである。ほかにも小さなマイクロフォンのアイコンなど、黄金比の適用はいたるところに見られ、この多国籍大企業は位置や配分をすべてΦで決めているようにすら思える。まるでパチョーリやダ・ヴィンチが現代によみがえり、デザイン指導したかのようだ。

といっても、ブランディングに黄金比を適用したのはグーグルが最初ではない。たとえば、3つの楕円からなるトヨタのロゴでは、外の大きな楕円を左右で黄金分割した位置に縦の細い楕円があり、上部の横長楕円の場合は、ロゴ全体の高さを黄金分割したラインに下線がくる。TOYOTAのAの横棒とYの分岐の位置は説明するまでもないだろう。

グローバル企業のロゴで黄金比が見られるものは枚挙にいとまがない。日産ロゴの文字部分は、上下を黄金分割した位置にあり、イギリスのエネルギー関連企業BP社の緑と黄色のロゴは同心円が黄金比の関係になっている。ナショナルジオグラフィックのロゴが黄金長方形なのは疑問の余地がない。

漫画とアニメでも、キャラクターや場面デザインに黄金比が使われている。元ディズニーのアニメーターの話によると、デザイナーのあいだで黄金比が議論されることはないものの（制作過程は基本的に極秘）、彼自身は当然のように使っていたとのこと。ディズニーのロゴはウォルト・ディズニーの署名をデザイン化したものだが、Dの曲線と縦線の比率と位置で、少なくとも3か所に黄金比が見てとれる。それに何より一見して、小文字iの点はΦに、特殊な形をしたYはφに酷似していないだろうか？

ロゴとプロダクトデザイン　137

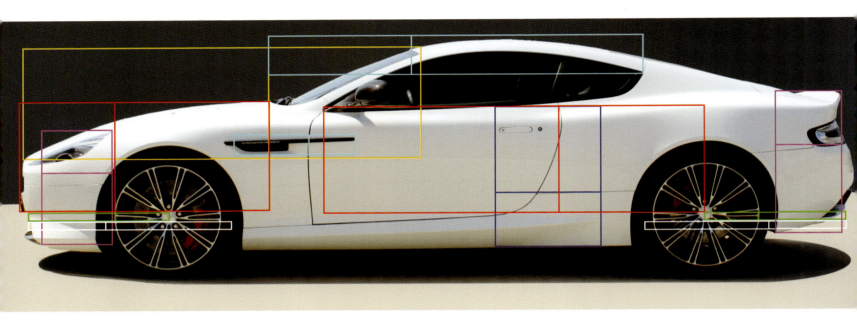

アストンマーティンのDB9クーペ

　高級車ブランドのひとつであるアストンマーティンも、デザイン・コンセプトに黄金比を用いている。ラピードS、DB9、V8ヴァンテージの広告キャンペーンをふりかえれば、デザインのさまざまな面——車体のバランス、完成度、上品さ、調和、シンプルさ——で黄金比が前面に出ていることは明らかだろう[*21]。

　〈スタートレック〉のUSSエンタープライズも、その優雅な姿に黄金比が潜んでいたところで驚くにはあたらない。1960年代、シリーズの生みの親といわれるプロデューサーのジーン・ロッテンベリーは、航空・機械分野のアーティストのマット・ジェフリーズに、「これまでにない宇宙船をデザインしてほしい。フィンはなく、ロケット排気もなく、超光速で、5年に及ぶ未知の銀河探査をする乗員を数百人乗せられるもの」と依頼した[*22]。ジェフリーズはペンを持って白紙を見つめ、実用性を最優先にしてデザインにとりかかり——黄金比ベースの宇宙船を描きはじめた。

　ジェフリーズの設計図には、〈スタートレック〉の映像に必要な精度をはるかに超えた1万分の1インチまで示されており、ジェフリーズが幾何学の比率に基づく厳密なデザインをしたことがうかがえる。そして正面、側面、細部に、明らかな黄金比が多数認められるのだ。エンタープライズを設計、デザインするにあたって、ジェフリーズが位置とバランスのほぼ全面で黄金比を適用したのは明白である。

138　黄金の建築とデザイン

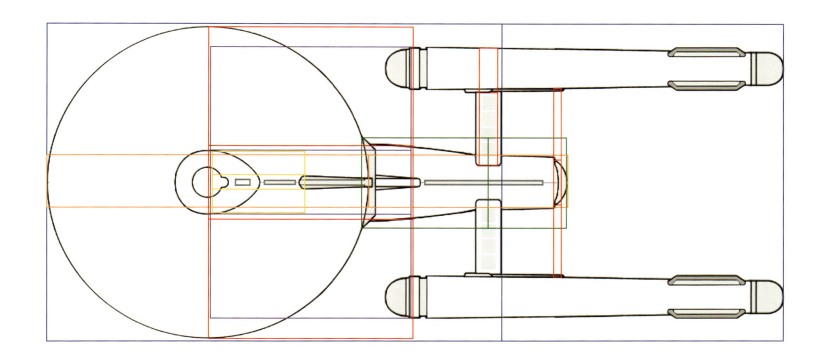

〈スタートレック〉のUSS
エンタープライズと黄金比

　ふだん目にしているものに黄金比が潜み、製品を買うように、サービスを使うようにさりげなく誘導していると知って驚いた読者もいるだろう。ブランディングの専門会社インターブランド（ニューヨーク）の元イノベーション・デザイン部長で、《ファスト・カンパニー》誌の"最もクリエイティブなビジネスマン"に選ばれたダリン・クレセンジは黄金比に関し、次のように述べている。

「視覚の世界に生きるアーティストや建築家、
デザイナー、歴史に造詣が深い者、
自然と人類に関する偉大な発見者の足跡を追う者は、
はるか昔からこの比率にかかわってきた。
なぜなら、対称性と非対称性の
絶妙なバランスを備えているからだ」[*23]

ファッションと黄金比

　黄金比がもたらす美しさに関し、ファッションに言及しないわけにはいかないだろう。コンピュータ製品で知られるデルの創設者マイケル・デルの妻で、ファッション・デザイナーのスーザン・デルが2003年、黄金比をとりいれた「ファイ・コレクション」を発表。2007年には、デザイナーでスタイリストのふたごの姉妹、ルース・レヴィとサラ・レヴィが「ファッション・コード The Fashion Code®」を作成した。これは女性それぞれの体形に合わせて黄金比を適用し、美しい服の着こなしを提案するもので、まず右の写真を見てほしい。基本的には全身を黄金長方形で囲み、裾の位置が決まるとさらに黄金分割して、ネックラインや自然なウエストの位置はどこかを決める。そしてそこをベルトや、フィット感のある衣服で強調し、美しいシルエットに仕上げるのである。

　では、下の左の写真はどうだろう。こちらは黄金比を適用しておらず、ジャケットは短すぎ、タンクトップは長すぎる。あまり着こなし上手とはいえないような……。

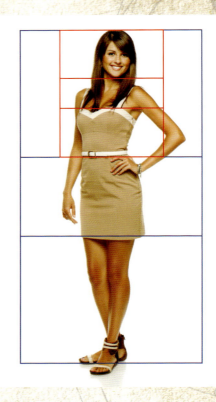

140　黄金の建築とデザイン

クレセンジが示唆したように、黄金比は三分割法の単なる代替案にとどまらない。構図の調和をもたらす比率のなかでもとりわけ、幾何学的に独自の性質をもっているのだ。すぐれたデザイナーにとっては数あるツールのひとつでしかないだろうが、黄金比に関する知識が皆無のデザイナーなどはたしているだろうか。「黄金比は前面に打ち出すものではなく、理屈より感性でうけとめられるものである」とクレセンジはいい、つぎのようにつづけている。

「心地よい対称性と否応なしの非対称性が
生み出す独特の緊張感があり、
熟慮のもとに適用すれば、
デザイン対象の種類を問わず
美と調和をもたらし、見る者を惹きつける」[*24]

　要するに、黄金比は制作者の創造力次第で、いかなるデザインにも応用できるということだろう。
　ここまでは、黄金比が代数や幾何学でどのような意味をもつか、はるか太古から現代にいたるまで、2000年以上にわたって建築や芸術にどのような役割を果たしてきたかを概観した。どうかこれからも、フィロソフィーならぬ"ファイ"ソロフィーに、存分に想像力を働かせてほしい。この後の章では、地球上の自然界と、地球を離れた宇宙における黄金比を見ていこうと思う。

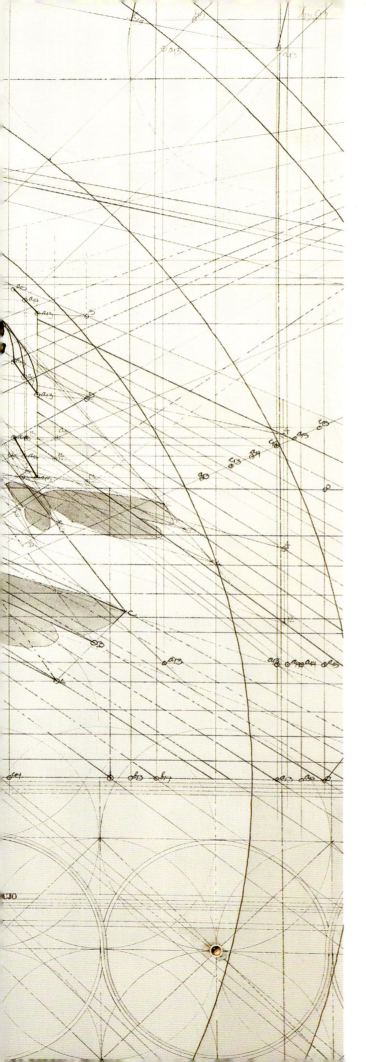

第V章

黄金の生命

すべての生命は生物学であり、

生物学は生理学、

生理学は化学、

化学は物理学である。

そしてすべての物理学は数学である。[*1]

——スティーヴン・マルクワルト

1854年、ドイツの心理学者アドルフ・ツァイジング（1810〜76年）は『人体比率の新原則』で、人体は黄金比で説明できるとした。加えて、プラトンの『イデア論』さながら、黄金比は生命と物質のあらゆる構造、形態の「理想」を表わす普遍的な法則である、と主張。自然と芸術において、黄金比は美と完全性をもたらすとした[*2]。ツァイジングの言葉どおり、黄金比はル・コルビュジエをはじめとする建築家たちの斬新な作品を誕生させ、自然界においても、さまざまな発見に黄金比が顔をのぞかせた。とはいえ、なかには鮮明でないもの、ツァイジングが語るほど明快でないものもある。

自然界には対数螺旋が満ちている。黄金螺旋は対数螺旋の一種だが、自然界で黄金螺旋そのものはめったに見られない

Φと葉序

　黄金比に懐疑的な人でも、黄金比とフィボナッチ螺旋が松かさ、パイナップル、ひまわりの種子莢など、さまざまな植物に見られることには同意するだろう。花弁の位置や枝と葉のつき方にも同じことがいえる。

　この螺旋パターンは、ローマの博物学者、大プリニウスが早くも1世紀に気づいてはいたものの、植物の渦（螺旋）とフィボナッチ数との関係を最初に研究したのは、18世紀のスイスの博物学者シャルル・ボネだった。1754年、ボネは『植物の葉に関する研究』のなかで、松かさの鱗片の配列や、茎に対する葉の配列パターンについて記し、ギリシア語で"葉"を意味するphyllonと"配列"を意味するtaxisから、"葉序phyllotaxis"という用語をつくった。[*3]

下左：シャルル・ボネ。英国の医師ロバート・ジョン・ソーントンの『カルロス・フォン・リンネルスのセクシャル・システム新図解』より。ジェイムズ・コルドウォル画。1802年

下右：アーモンドの茎につく花の配列。《鳥と自然》（1900年）より

植物の渦にフィボナッチ数（1、1、2、3、5、8、13、21、34、55...）が現われるかどうかは、とりあえず松かさを見てみればよい。下の図で、反時計回りの渦は8、時計回りは13で、隣り合うフィボナッチ数になっている。

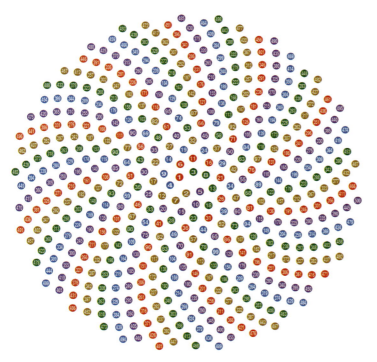

フォーゲルの式で、n＝1からn＝500まで

ヒマワリ（小さな管状花がびっしり並ぶ中央部分）にも同じことがいえ、時計回りは55、反時計回りは34——。まさしくフィボナッチ数である。

1979年、ドイツの数学者ヘルムート・フォーゲルは、ヒマワリのn番めの小花は角度θの位置にあるとし、以下の式で表わした（中心からの距離はnの平方根に比例する）。

$$\Theta = n \times 137.5°$$

146　黄金の生命

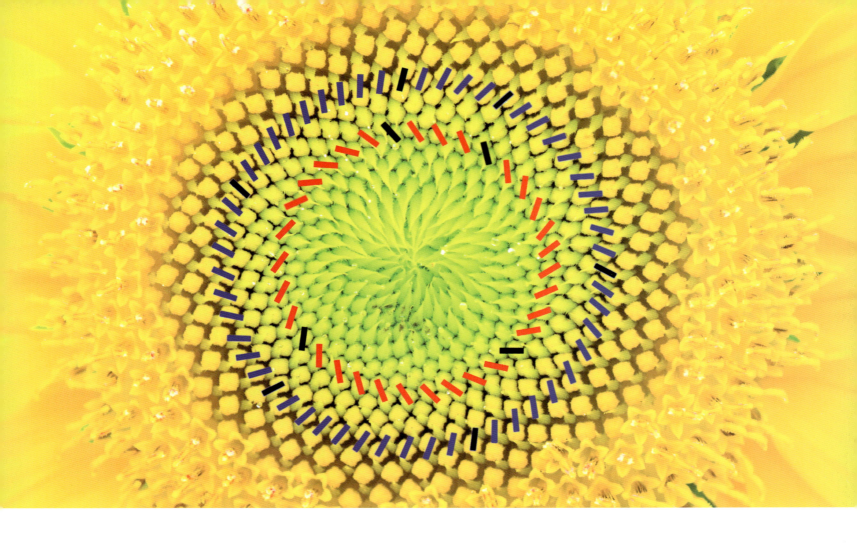

137.5°は回転角で、「黄金角」と呼ばれる。では、なぜ137.5°なのか？ 360°を黄金数（1.618）で割ると222.5°で、小さい扇形の中心角が137.5°になる。

蕾の花弁の配置にも黄金角は見られ、茎のまわりの葉もこの角度でついていく。太陽光をむだなく最大限に受けとり、効率よく成長するには黄金角が最適だからだと考えられている。

上：時計回りに55、反時計回りに34の渦がある。蕾と5弁の管状花が美しい

左：黄金角

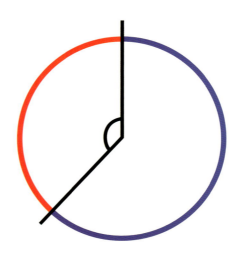

Φと葉序　147

多肉植物エケベリア属の葉（上）とハスの花（下）の黄金角

美しい数——5

　第1章、2章で見たように、5は黄金比にとって代数的、幾何学的に大きな意味をもつ。正五角形やペンタグラム（五芒星）はもとより、フィボナッチ数列の5番めの数も5である。紀元前、ピタゴラス学派はペンタグラムを紋章とし、プラトンは5つの立体について語った。ルネサンスの時代には、レオナルド・ダ・ヴィンチが5弁のスミレを研究する。たしかに、スミレのようなバラ類を含め、身近で美しい花々の多くに見事な対称性が見られる。

アフリカ原産のアロエ、ポリフィラ。反時計回りの5つの螺旋が美しい

レオナルド・ダ・ヴィンチによるスミレのスケッチ（1490年頃）。左上に五角形の図がある

右上から時計回りに：プルメリア、チョウセンアサガオ、トケイソウ、ニチニチソウ、アサガオ。トケイソウは雄しべが5本、ほかの4種は花びらが5枚

5回対称性は花にかぎらず、リンゴやパパイヤ、いみじくもスターフルーツと名づけられた果実にも見られる。また、料理に使われるオクラやカカオにも。

　植物にかぎらず、動物界でも"5"がポイントになるものがある。すぐ思いつくのはヒトデだろうが、ウニも五角形からなることが知られている。

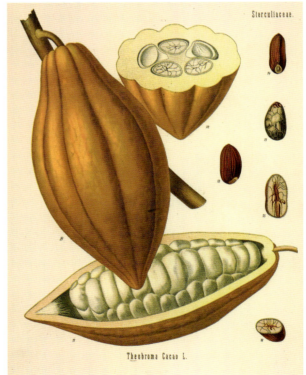

上：リンゴ、パパイヤ、スターフルーツはいずれも、中心や果実そのものが星の形をしている

上：オクラと5の関係は一目瞭然

下：カカオの実。種子が5個ずつ並んでいる

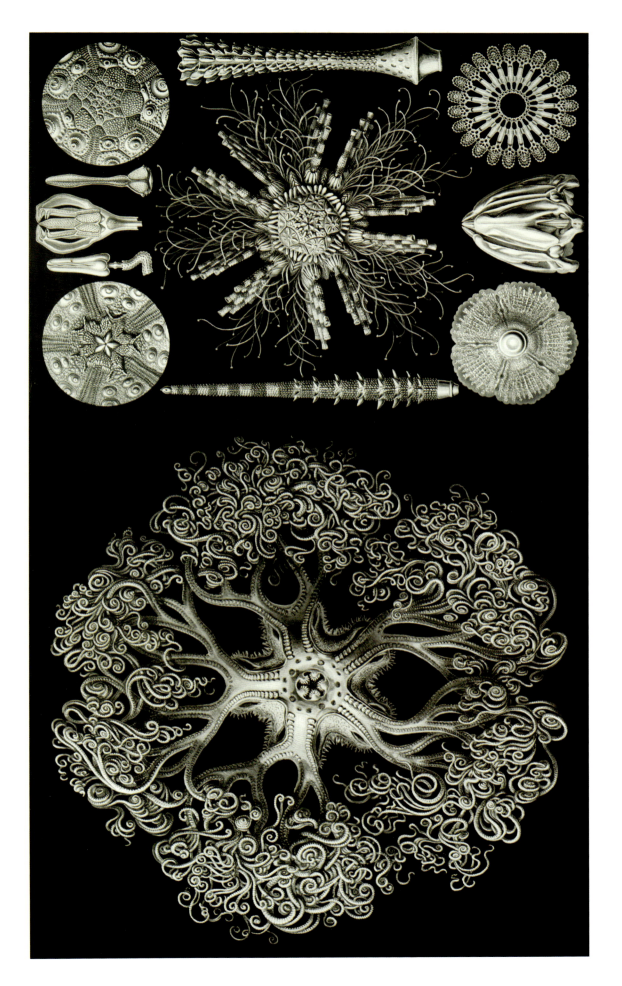

ドイツの生物学者エルンスト・ヘッケルによる『自然の芸術的形態』(1889〜1904年)より。上はウニ類、下はクモヒトデ類

フラクタル

　黄金比はフラクタルの図形で重要な役割を担い、フラクタルは自然の造形で重要な役割を担う。

　一部分を拡大すると全体と同じ形になる（自己相似）図形をフラクタル図形といい、黄金長方形から黄金螺旋ができるように、単純なルールをくりかえすことで作成できる。いわゆる"ピタゴラスのリュート"（下図参照）も、ペンタグラムをある規則で連続して描いたフラクタル図形のひとつである。

　なかでも、コッホ雪片と"シェルピンスキーのギャスケット"はよく知られ、スケーリングはそれぞれ4、2だが、Φがからむものにはフィボナッチ列フラクタルと黄金ドラゴン曲線フラクタル（下図）がある。またつい最近、アメリカの数学者エドムンド・ハリスが、黄金螺旋に基づいた新しいフラクタル"ハリスの螺旋"を考案した[*4]。

　興味深いのは、スケーリングが黄金数の逆数の場合、与えられた空間を隙間なく、また重なることもなく埋めていける。が、これより小さいと隙間ができてまばらに見え、逆に大きいと隙間がなく、重なりあふれてしまう。

　ここでいうフラクタルは理論上のものでしかないが、自然界における成長パターンはほぼ自己相似のフラクタルに近い。わかりやすいのはカリフラワーの一種ロマネスコや、維管束をもつ植物だろう（右ページ）。

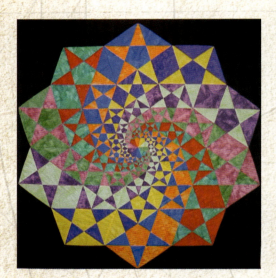
"ピタゴラスのリュート"を表わしたカラフルなキルト

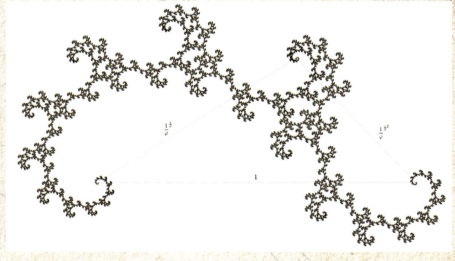
黄金ドラゴン曲線フラクタル

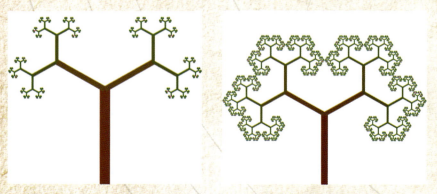

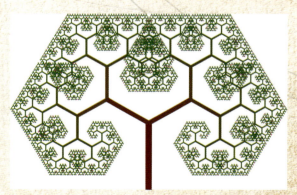

左から、スケーリングが0.5、0.618、0.7の木のフラクタル。隙間も重なり合いもなく、各部分がきれいにつながっているのが中央——0.618——Φの逆数である

素晴らしい螺旋

対数螺旋と呼ばれるものを最初に考察したのはフランスの数学者、哲学者のルネ・デカルト（1596～1650年）だが、その独特の数学的性質に驚嘆し、「素晴らしい螺旋」と呼んだのはスイスの数学者ヤコブ・ベルヌーイ（1654～1705年）だった。この螺旋は動径が等比数列的であり、拡大しても形状は変わらない。等角螺旋としても知られ、生物のみならず、ハリケーンや銀河など、自然界全体に見られる。

下：ヤコブ・ベルヌーイの墓碑（バーゼル大聖堂）の下部には、誤ってアルキメデス螺旋が描かれている。ベルヌーイが研究した「素晴らしい螺旋」は一定比率で大きくなっていくが、アルキメデスの螺旋は等間隔

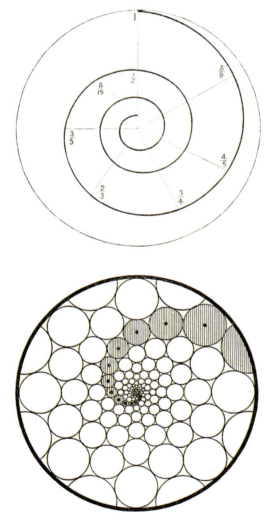

上：1オクターブの音の上昇（上）や植物の成長パターン（下）を表わす対数螺旋

対数螺旋は美しく目になじむが、逆にそれが混乱のもとにもなっている。対数螺旋といえば、1.618倍で連続拡大する黄金螺旋、と思いこんでいる人が多いのだ。リンゴは数ある果実の一種、五角形は多角形のひとつであるように、黄金螺旋も対数螺旋の一種でしかない。リンゴすなわち果実だが、果実すなわちリンゴではないのと同じく、黄金螺旋は対数螺旋だが、対数螺旋イコール黄金螺旋ではない。

　この混乱の好例が、オウムガイの殻だろう。たしかに、しなやかで美しい殻の螺旋は

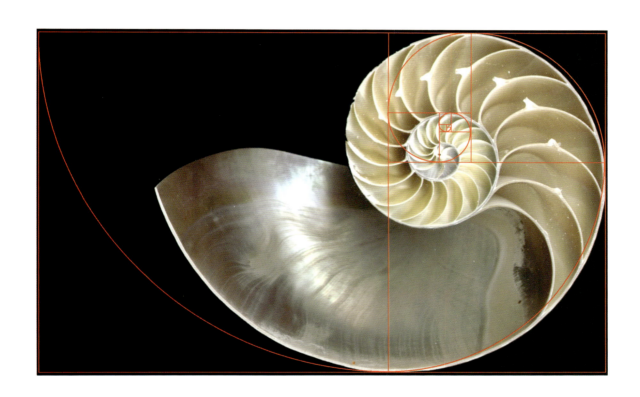

黄金長方形からつくられ、自然界における黄金螺旋の代表として紹介されることも多い。だが現実には、上図に示すように、黄金螺旋とは明らかにずれている。

　対数螺旋を黄金螺旋としてひとくくりにする傾向から、科学者や数学者に限らない大勢の識者が、自然界と芸術における黄金比についても疑問を呈し、反論するようになった。ウェブで検索してみれば、オウムガイと黄金螺旋の関係はもとより、黄金比に関する種々の説はしょせん迷信でしかないという書き込みが大量に見つかるだろう。論争に

は数学の専門家も参戦し、オウムガイの殻の拡大率は3分の4に近いという者もいれば、3次元幾何学モデルの研究で知られる著名な科学者は3Dプリンタで殻を制作し、これが世界で唯一のオウムガイ黄金螺旋である、ほかはすべて"黄金比狂信者"の産物でしかないと嘆いた。このような意見はおおむね否定できないとはいえ、いくらか強引なところもある。

私は黄金比に関するサイトを立ち上げたが（GoldenNumber.net）、黄金比狂信者でもなんでもなく、反論に関してはしっかり検証しなくてはいけないと感じた。そこで長年書棚に飾っていたオウムガイの殻で確認したところ、黄金螺旋とオウムガイを結びつける見方はいくつかあることがわかった。

通常の黄金螺旋では、4分の1回転（90°）ごとに1.618倍に拡大するが、これはオウムガイには見られない。しかし、180°ごとにΦベースで拡大する螺旋があり、そこに注目してほしい。180°の黄金螺旋は90°のそれよりもオウムガイの螺旋に近いのだ。

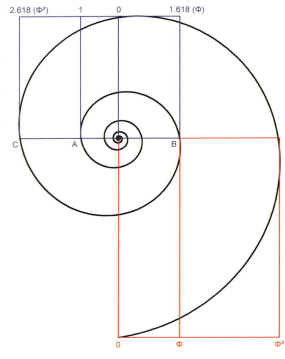

左の螺旋図は、中心からの距離Aを1とすると、180°回ってBで1.618（＝Φ）。さらに180°回ってCで2.618（＝Φ²）になる。そのつぎの点とBとの距離はΦ²（＝Φ³－Φ）。このように、螺旋は黄金数に基づいて拡大していく

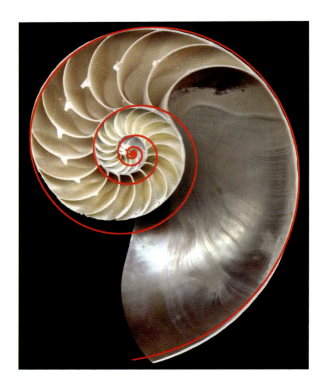

私の手もとのオウムガイで、外縁から螺旋中央に黄金比ゲージを当てはめるとかなり一致した（下図）。また外縁から、向かいの螺旋の縁まで延ばせば、カーブとぴったり重なる。

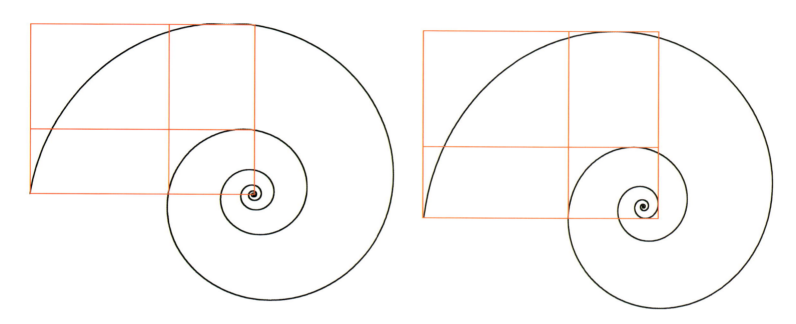

　さらに、30°の回転ごとに拡大率を測定すると、1.545〜1.627の範囲で平均1.587、黄金比1.618との差は1.9％でしかない。ほかのオウムガイも測定したところ、黄金比より若干大きな値となった。

　オウムガイがすべて同じ形をしているわけでも、完全、完璧にできあがっているわけでもない。人間の体と同じように、オウムガイも形はさまざまで不完全で、理想的な180°の黄金螺旋との関連も同様である。ただ、自然界に黄金螺旋があるかないかに関し、不正確な意見や主張がある一方、オウムガイの殻は黄金数に近い比率で螺旋を描くといってよいだろう。単に測定法の問題でしかないということだ。

　これでオウムガイの一部悪評を払拭できるかどうかはさておき、自然界で観察される対数螺旋と黄金螺旋は慎重に区別すべき、という点に変わりはない。ハリケーンや銀河の形がときに黄金螺旋に合致するからといって、すべてのハリケーンや銀河に当てはめるのは避けるべきだろう。

180°の回転ごとにΦベースで拡大する対数螺旋は、オウムガイの殻とかなり一致する

素晴らしい螺旋　159

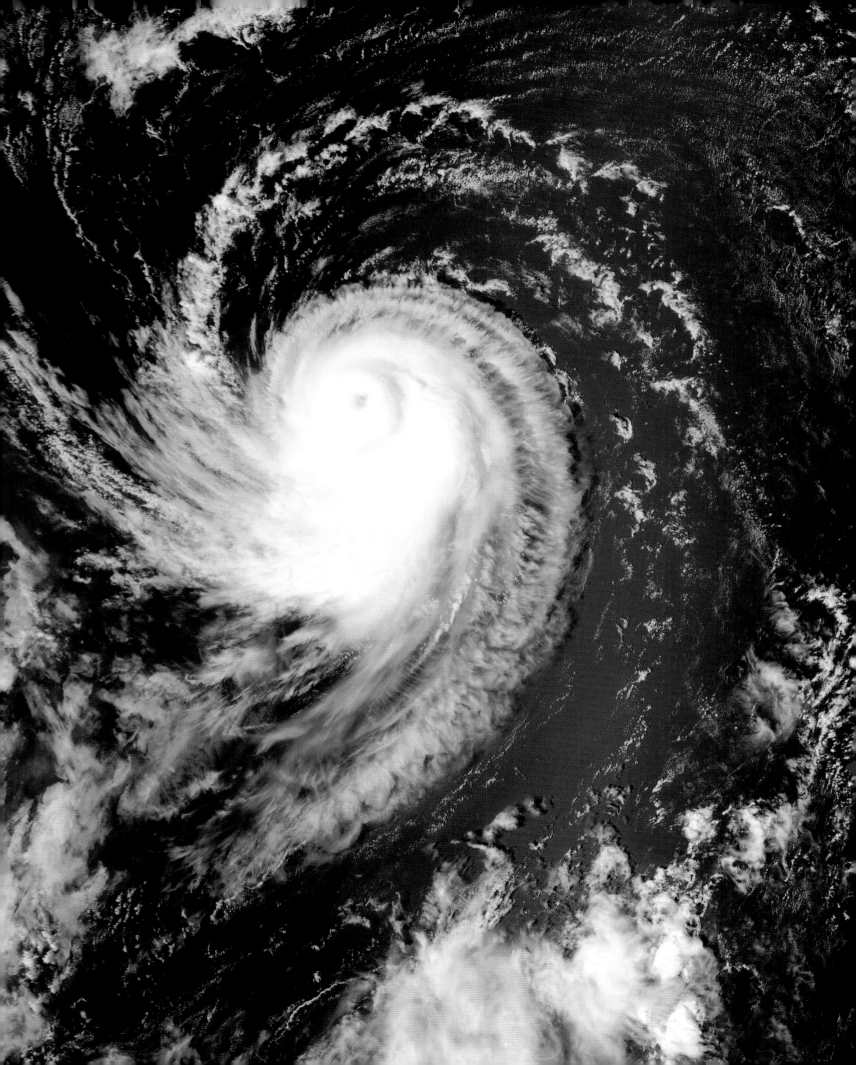

左ページ：2011年、太平洋に発生した台風ソンカー（NASA衛星画像）。一見、黄金螺旋だが、自然界でΦに基づく螺旋はめったに見られない

右上から時計回り：シマオオタニワタリ（シダ類）、ゼンマイの新芽、タツノオトシゴ、カメレオン、ネジバナ、子持ち銀河。比率は異なるが、いずれも対数螺旋

動物王国

PhiMatrixを使用すると、ほかの貝の螺旋にも比較的容易にΦを見つけることができる。また逆に無関係であることもわかり、1回転ごとに1.1倍程度しか大きくならないものもある(下図参照)。螺旋状の殻を調べれば、かなり頻繁にΦに出合うとはいえ、けっして貝の螺旋すべてに共通の特性ではないのだ。

ダイオウイトマキボラ（下）など、Φの近似値で大きくなる巻貝もあるが、キリガイ（上）では約1.139倍でしかない

162　黄金の生命

同じことは昆虫にもいえ、体のつくりや模様にΦが認められるものは比較的多い。とはいえ、昆虫は地球上の多細胞生物のほぼ9割を占め[*5]、姿形も体のつくりも千差万別、多種多様だから、共通して黄金比の特徴がある、かならずどこかに黄金比が見られるなどと断言するのは、まったくもって不可能といえるだろう。

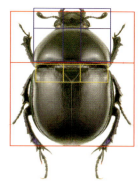

動物王国　163

前ページ：上からコガネム
シ、ヤママユガ、ヨーロッ
パクロスズメバチ

イエネコの子ども（左）も
アフリカ・ライオン（右）も、
目などの配置は黄金比がベ
ース

動物王国を上位へ向かうと生物種はぐっと減り、外観の共通点をもつものが増えてくる。たとえばネコ科を見てみると、目、鼻、口の位置と比率に明らかな黄金比が認められるだろう。まず鼻の（左右の）中央と目の外縁を横に結ぶと、目の内側は黄金分割ラインにある。また、瞳の中央と口を結んだ縦のラインに注目すると、黄金分割線と鼻の上縁が一致している。

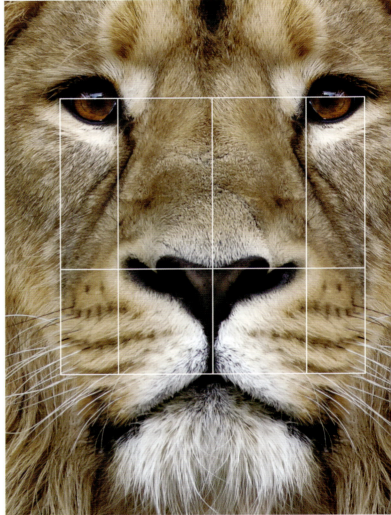

164　黄金の生命

霊長類でも、目、鼻、口の位置に同様の関係が見られる。たとえば鼻の頭は、瞳の中央と口を結ぶラインを黄金分割した箇所にほぼ位置し、顔の横幅に対する目の位置と大きさも黄金比で説明できる。同じことがヒトの顔にも当てはまったところで、驚くにはあたらないだろう。

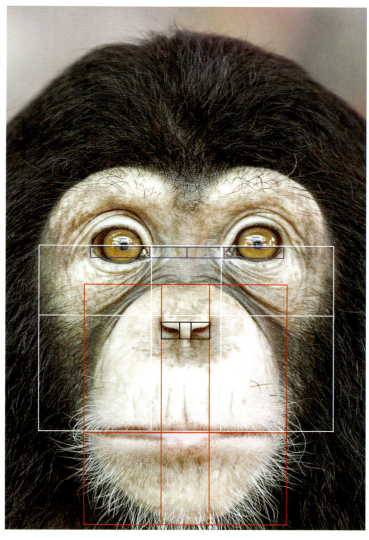

サルの仲間にも黄金比は見られる。左はマカクの子ども、右はチンパンジー

ヒトの黄金のプロポーション

14世紀、オッカムのウィリアム（1285〜1347年）という修道士が、「何かを説明するときは、必要以上に多くの仮定を設けるべきではない」と主張し、これは「オッカムのかみそり」として、700年たったいまでも科学者の指針となっている（「思考節約の原理」）。本書で人間の顔と身体の比率について考察するときも、この点を忘れないようにしたいと思う。

レオナルド・ダ・ヴィンチの「ウィトルウィウス的人体図」では、人体比率が2、3、4、6、7、8、10に基づく比で示されたが、一連の黄金比でより簡単に表すこともできる。では、どちらのほうが理にかなっているか？　オッカムのウィリアムに尋ねたら、シンプルで簡便な黄金比のほうを勧めたのではないか。自然界におけるフラクタルの出現率を考えれば、その可能性はさらに高まるだろう。

それでは早速片手をのばし、プロポーションを見てみよう。下の人差し指のレントゲン図では、指先から付け根までの骨の長さが2、3、5、8のフィボナッチ数に対応していることがわかる。また、すでに確認したように、フィボナッチ数の連続2数の比は黄金比に近づいていく。指先、手首、肘の関係が黄金比にあるとみなしても、極端な論理の飛躍とはいえないだろう。

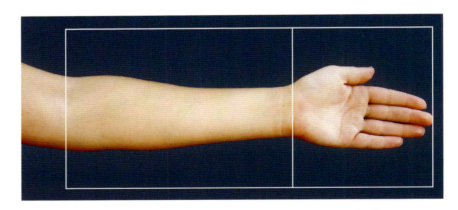

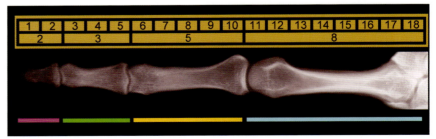

人差し指のレントゲン写真。骨の長さとフィボナッチ数の対応がひと目でわかる

ヒトの顔

では、顔はどうだろう？ やはり黄金比は存在するか？ 私たちの顔はみな、基本的な部分では同じ構造だから、ライオンやチンパンジーではなく人間に見えるのだ。とはいっても、現実にはさまざまで、全人類を代表するような顔など、はたしてあるのだろうか？ フェイスリサーチ（FaceResearch.org）のリサ・ドゥブリンとベン・ジョーンズは、この大きな疑問にとりくんでみた[*5]。バーナード・ティドマンが開発したPsychoMorphというソフトを用い、18歳から35歳の白人男女50人の顔画像から"平均的な"顔を合成。つぎに白人系、西アジア系、東アジア系、アフリカ系の男女それぞれ4人の画像をもとにエスニック・グループの"平均的な"顔を合成したところ、驚くほど似た結果が得られた。4つのエスニック・グループをわずか16の画像で"包括的な"顔に結合すると、50人に基づいた平均的な顔と、基本的なプロポーションがほぼ同じになったのだ。

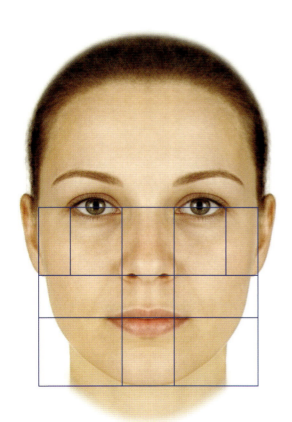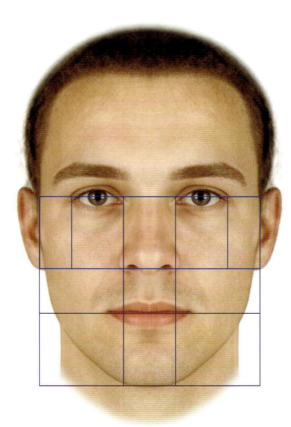

189か所のポイントをもとに、男女50人の顔の比率を平均化したもの。黄金比の有無を分析するうえで、統計的には十分有効

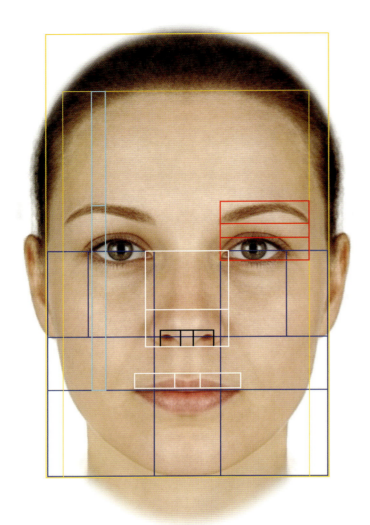 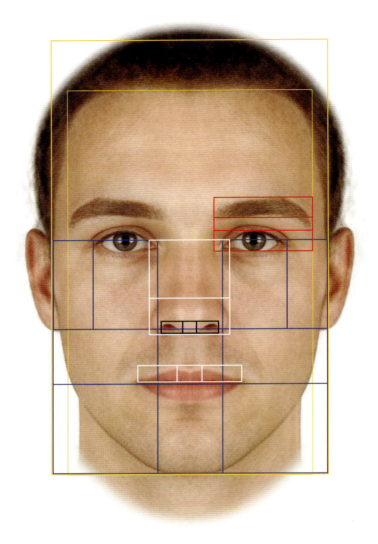

黄金比が現われる主要箇所をPhiMatrixのグリッド線で示した

　PhiMatrixのシンプルな黄金比グリッドを当てはめると、顔の横幅を黄金分割した位置に目頭がある。一方、目尻は、目頭と顔の側面を結んだラインの黄金分割点だ。また、瞳から顎まで縦のラインを見ると、口唇線が黄金分割位置にくるのがわかる。地域別の例は、169ページと175ページを参照してほしい。

　さまざまな特徴をより詳細に調べると、目、眉、口、唇、鼻の大きさや位置をはじめ、"平均的"な顔には黄金比を反映するものが数多くあるのがわかるだろう。頭全体は黄金長方形で、生え際、眉、顎で囲んだ顔の部分も同様である。人間の"平均的"な顔が、いにしえの芸術で使われた「秘密の科学」をここまで備えているのは注目に値するといってよい。

　なぜ黄金比が人間の顔に現われるのか、疑問を抱く人もいるだろう。しかし逆に考え

れば、黄金比が皆無のほうが不思議ではないか？フィボナッチ数や黄金比は、さまざまな生命体で観察されるのだ。人間の顔に黄金比を認めない意見の多くは、一般的な比のポイントを無視しているか、まったく測定をしていない。PhiMatrixにかぎらず、スティーヴン・マルクワルトやエディ・レヴィンのような専門家による測定値は、人間の顔のプロポーションに黄金比が認められること、それが美しさや魅力の評価に影響することを裏づけている。

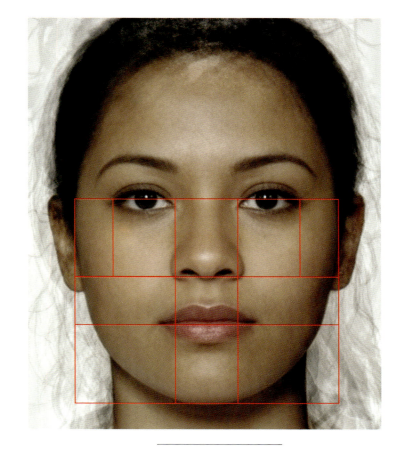

この合成画像は、4つのエスニック・グループ16人の顔に基づいたものだが、白人女性の顔（167〜168ページ）の比率ときわめて近い

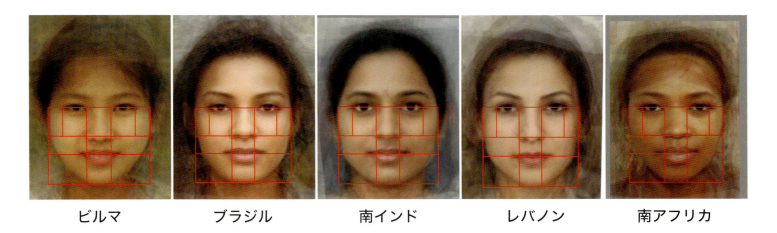

個人研究者のコリン・スピアーズは、フェイスリサーチのソフトを利用し、40か国を超える男女の平均的な顔を合成した。その結果はこのようにじつに見事で、顔の形に多少の違いはあるものの、黄金比によく適合している。顔の比率は世界の地域を問わないことがわかるだろう

ヒトの黄金のプロポーション　169

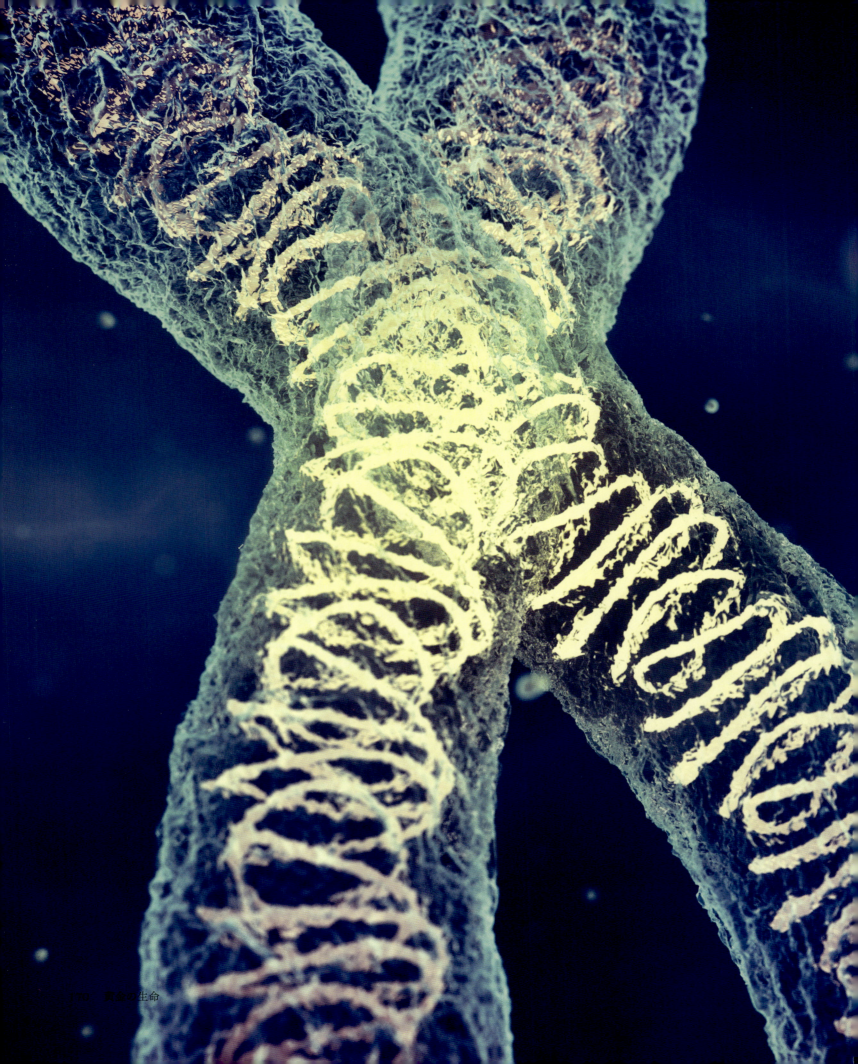

黄金のDNA？

　黄金比が顔や身体のプロポーションにかかわるなら、もっと基本的な生体物質——DNAはどうだろう？　デオキシリボ核酸すなわちDNAは、生物の形成や発達に必要な情報を保存し、伝えるが、その構造は二重螺旋である。

　では、DNAの大きさはどれくらいか？　ヒトの細胞の核にはDNAの鎖が92本あり（23＋23のDNAで、それぞれ鎖が2本）、最近の研究によれば、成人の細胞数は30〜40兆個らしい[*6]。ひとつの細胞の大きさは数マイクロメートルから100マイクロメートルで（1マイクロメートル＝0.001ミリ）、細胞核にあるDNAの鎖の幅はナノメートル（10億分の1メートル）単位になる。概算では、DNAの1回転（360°）の長さは3.2ナノメートル前後、鎖の幅は2.0ナノメートル前後とのこと[*7]。これらをもとに比を計算すると約1.6となり、驚くほど黄金比に近い。

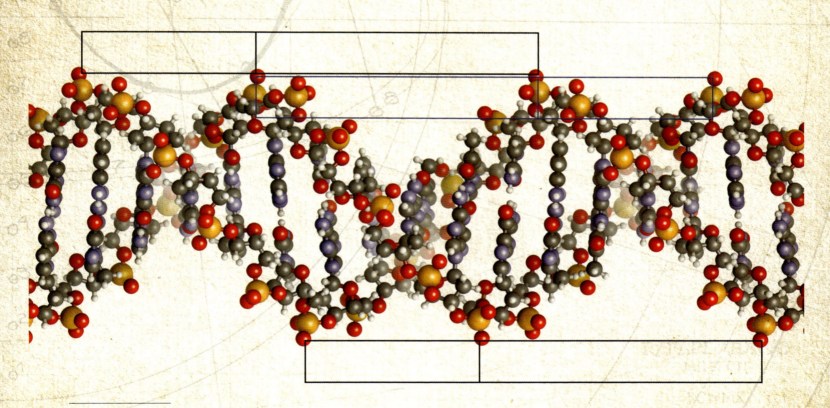

上：黄金比をベースに、DNAの二重螺旋をデジタル拡大したもの

左ページ：染色体におけるDNAのデジタル・イメージ

遺伝学者たちは異なる種類のDNAを発見したが、B型DNAが最も一般的だと考えられている。このDNAの螺旋には、幅の広い溝（主溝）と狭い溝（副溝）があり、これもΦベースの関係をもっているように見える。

さらに、螺旋1回転（360°）あたりに塩基対は10で、断面で見れば十角形となる。中央部分に五角形のような構造があるのがわかるだろうか？

ヒトは二倍体の生物で、ひとつの細胞には約60億もの塩基対のDNAが含まれる。さらに驚くべきことに、それが約6マイクロメートルの核に収まっていて、長さはじつに1.8メートル[*8]。

B型DNA（中央）では5回対称性が見られる

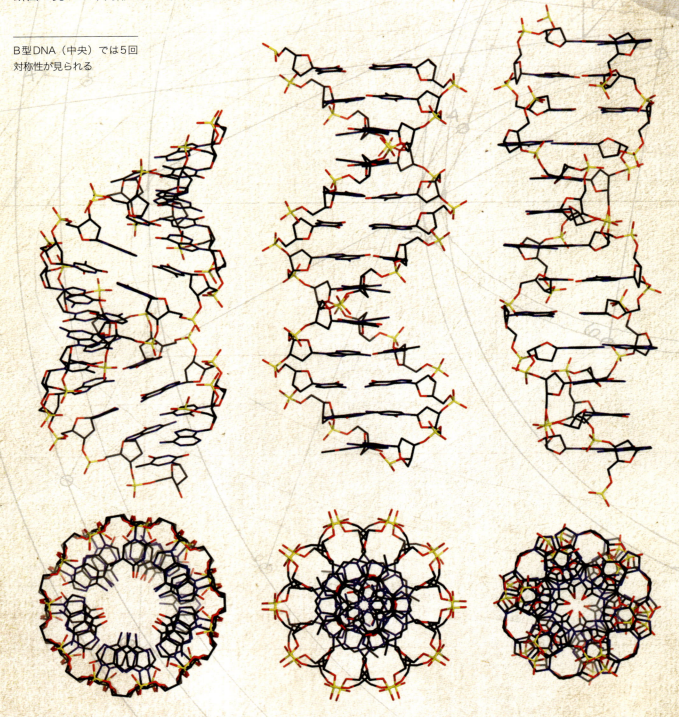

172　黄金の生命

自然の美──黄金比

　古代から現代まで、物語であれ美術であれ、"美しい人"にはことかかない。たとえばギリシア神話では、連れ去られた絶世の美女ヘレネをとりかえすべく、千隻の船が集まってトロイ戦争が始まった。時代を問わず、人は美しさに魅せられ、歴史に名を残す芸術、文学、音楽を生み出した。

マルクワルトの美のマスク

　医師のスティーヴン・R. マルクワルトが"美しい顔"にこだわるのは、幼い頃の出来事がきっかけだという。4歳のとき、彼と両親は自動車事故にあい、母親がひどい顔面骨折を負った。さいわい、腕のよい外科医が治療してくれたものの、やはり元通りというわけにはいかない。マルクワルトはこの経験から、顔の微妙な差異が見る者の知覚、認識にどう影響するか、美の感受に何が影響するかを研究したいと考えるようになる。

　成長したマルクワルトは、口腔顎顔面外科の道に進んだ。そして研究を重ねた結果、"マルクワルト・ビューティ・マスク"を考案（本人の表現によれば"発見"）した。これは黄金比を適用したもので、いわば"黄金十角形"に基づくといってよい。顔の美に対するマルクワルトの研究は世界的に認められ、英国BBCのドキュメンタリー《ヒューマン・フェイス》（2001年）をはじめ、種々のメディアでとりあげられた。このマスクは、男女で正面／側面、微笑の有無の8パターンある。

　マルクワルトは外科医を30年ほど務めた後に引退し、文化の壁を越えた美の研究に専念した。マスクの特許を得て、さまざまな時代、文化、民族に当てはめ、顔の部位の大きさや配置と美に対する認識の原則を解明していく。その結果、マルクワルトによると、千年、二千年の間にはやりすたりがあろうとも、基本的な美に対する認識に変化はないとのこと。人間としてのDNAで引き継がれている、といったところだろうか。

過去、美しいと賞賛された人をPhiMatrixで分析したところ、顔のポイント——瞳、目頭・目尻、鼻、唇、顎、顔の幅など——は、すべて黄金比に当てはまることがわかった。また、現代のエスニック・グループごとに美人とされる顔も次ページ以降に示したが、いずれにも黄金比が認められるだろう。美への感受は深い部分で変わることがなく、普遍的であることがわかる。

ローマ皇帝ティトゥスの娘、ユリア・フラウィア（64～91年）の大理石像。当時、どのような顔が美しいとされたかがよくわかる

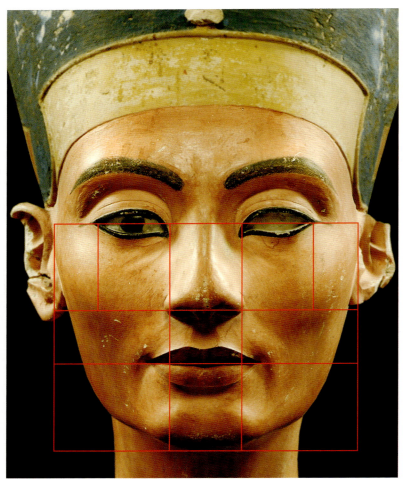

エジプトのファラオ、アクエンアテンの妃、ネフェルティティ（紀元前14世紀中葉）。この名には"美しい人が来た"という意味があり、整った顔だちは現代でも称えられている

174　黄金の生命

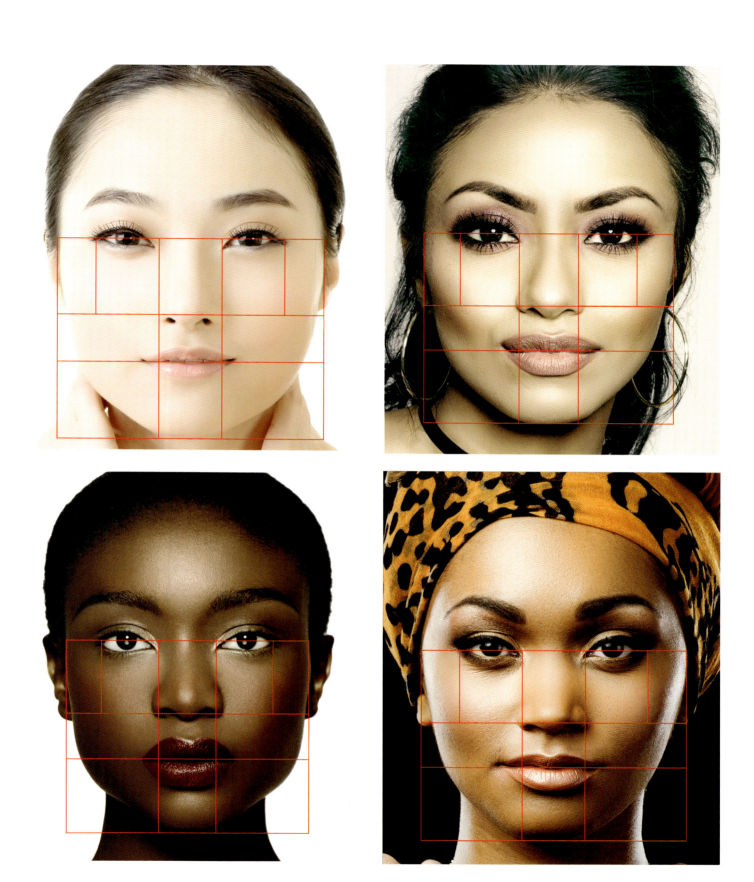

目、眉、唇、鼻などでエスニック的な特徴や違いはあるものの、ベースには
黄金比が見られ、それが細部の違いを超えた"美"の土台になっている

自然の美—黄金比　175

いたるところに黄金比が見られる美女

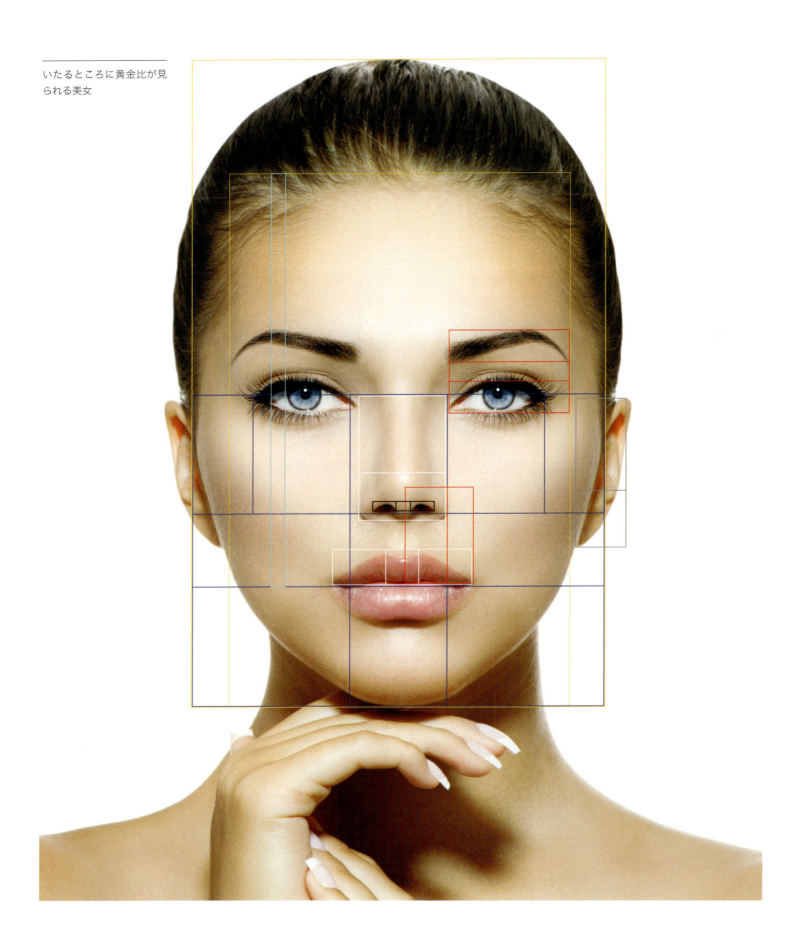

176　黄金の生命

いつの時代にも、人の顔をコミカルに、またはグロテスクに誇張して描いた風刺画や戯画はある。ときには、不愉快に思う相手を醜く描いたりもするだろう。その人物の内面を外見に投影させるわけだが、具体的にはたとえば、目と鼻の距離を縮めたり、鼻と口を遠ざけたりする。以下はその好例で、フランドルの画家クエンティン・マサイスの風刺画〈醜女の肖像〉である。その顔を見て誰なのかはわかりつつ、自然なプロポーションとのずれで感じる違和感を、風刺画家たちは熟知している。

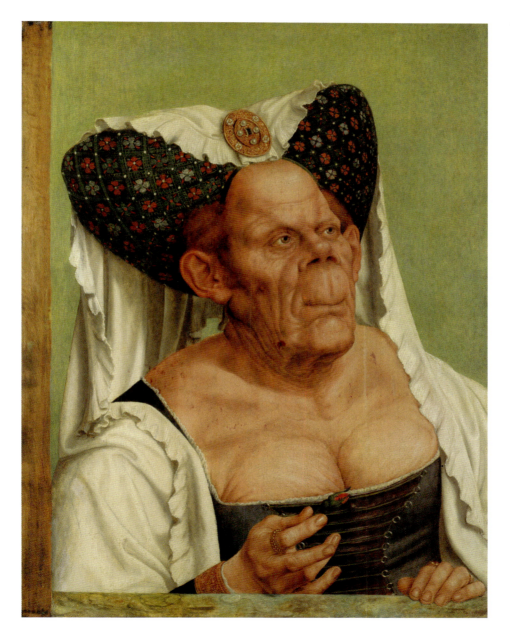

クエンティン・マサイスの〈醜女の肖像〉　1513年

自然の美—黄金比　177

黄金の歯並び

　審美歯科の先駆者エディ・レヴィンは開業後、曲がった歯や傷んだ歯を全力で治療してもなお、自然に見えない場合があるのはなぜだろうかと悩んだ。しかし、アルキメデスの「エウレカ！」さながら、黄金比を適用すればより自然で美しくなるとひらめいて、指導していた病院の若い女性の前歯――ずいぶんひどい状態で、クラウン（かぶせもの）が必要だった――で実践。スタッフや技工士たちの懐疑論などものともせず、レヴィンは女性の前歯すべてに黄金比の原則でクラウンを装着した。そして結果は、誰もが認める"大成功"だった。

　レヴィンのチームの技工士が黄金比の適用について講義する一方、レヴィン自身は歯科用の黄金比ゲージとグリッドを開発した。正面から見たときに好ましい歯の比率をもとに、グリッドで患者の歯を診断し、それに応じて調整治療を行なうのだ。たとえば、上の中切歯と側切歯の幅の比は1.618（＝Φ）にする。

　レヴィンの審美法では、下顎の先を基準にした歯と鼻の相対的位置など、歯以外の部分との黄金比も示される[*9]。この方法は米国の諸大学でも必修研究となり、黄金比が審美歯科においていかに有用であるかが、レヴィンによって証明されたといえるだろう。

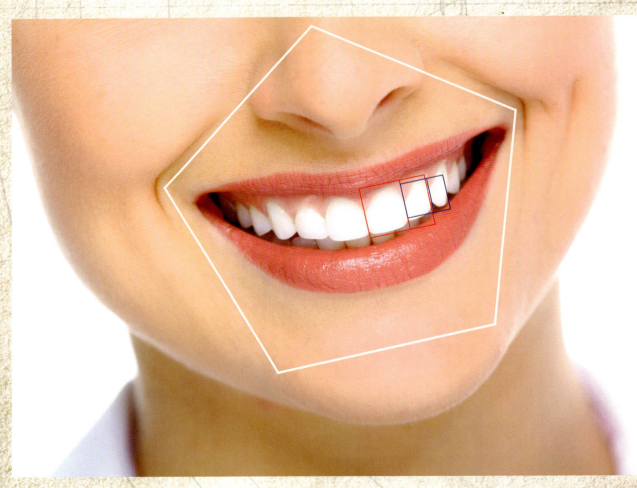

美しい歯並びと黄金比

平均的な顔の比率と、美しいとされる顔の比率に大差はない。いいかえると、平均的なプロポーションの顔も十分に魅力的で美しいということだろう。並外れて美しいといわれる人の場合はたいてい、目や唇、眉や鼻などの細部で、ほかの人にはない特徴がある。そこで特定の場所をきわだたせる化粧をして魅力的な外見にするわけだが、そのような強調はさておいて、人の顔には黄金比がかかわっていることを理解するのも大切だろう。素晴らしい芸術作品や建築には黄金比が潜んでいるのだから。

　これから自分の顔を鏡で見るときは、少し時間をかけてほほえみ、さまざまな箇所の比率を調べてみてはどうだろう。そして民族を問わず、さまざまな人たちの顔や、まわりにあふれている美しい草花、動物たちの姿に思いをはせてほしい。

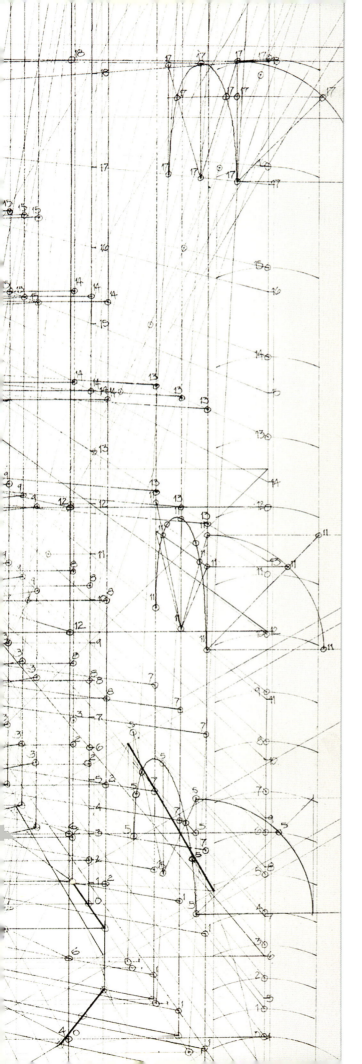

第VI章

黄金の宇宙？

物質のあるところ、
幾何学あり[*1]

——ヨハネス・ケプラー

右：太陽系の6つの惑星の軌道と5つのプラトン立体との関係。ケプラーの『宇宙の調和』1619年

生命体における黄金比の出現率は非常に高いが、ほかにも予想外のところで現われる。第1章で示したように、ヨハネス・ケプラーは入れ子になったプラトン立体で太陽系を表現し、黄金比ベースの正十二面体と正二十面体を地球の軌道と金星、火星の間に置いた。残念なことに、"惑星の調和"をとらえるこの試みは現実のものとは一致しなかったが、太陽に対する惑星の動きを推測して「ケプラーの法則」を唱え、宇宙に対する既成の概念を大きく変えた。そしてケプラーは、黄金比にもこだわった。もしもっと長寿であれば、この天才学者は宇宙の秘密をさらに解明してくれたのではないか──。

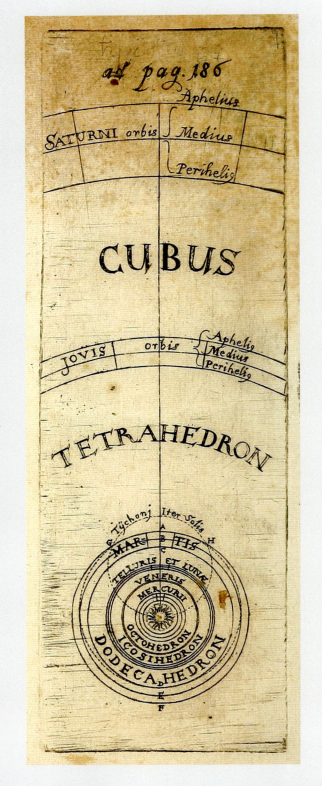

黄金のコスモス

　2500年ほど前、プラトンは『ティマイオス』で、この世の物質は火、空気（風）、水、土からできており、それぞれ正多面体からなると考えた。5番めの正十二面体は宇宙の姿を表わすという。もちろん、現代科学は四元素説をとらないが、プラトンの深い考察は新たな真実や疑問を導き、斬新な研究につながった。たとえば2003年、ジャン-ピエール・ルミネの研究班は、WMAP（ウィルキンソン・マイクロ波異方性探査機）のデータを解析し、宇宙の姿はゆがんだ十二面体だとする説を発表[*2]。これが正か否かの判断は下されていないが、宇宙のかたちに関する興味深い研究はほかにもいくつもある。そして私が個人的に最も驚いたのは、地球と月の大きさの関係だった。

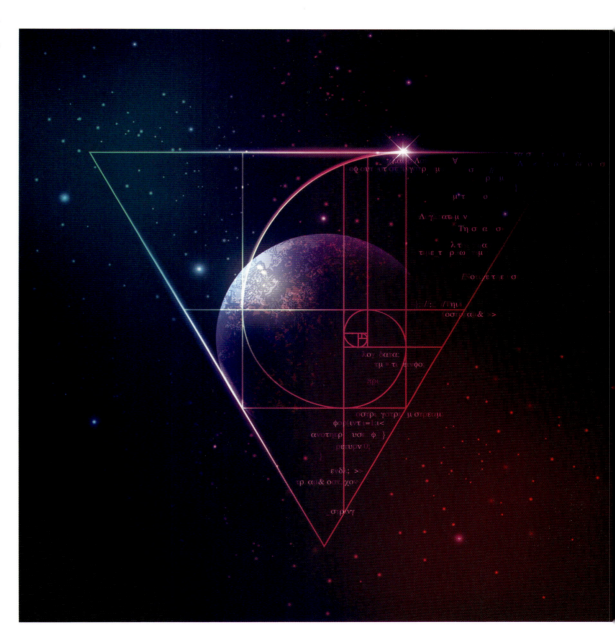

第4章で見たように、大ピラミッドの比率はケプラーの三角形に対応し、その差は0.2％未満でしかない。そしてこの三角形は、地球と月の半径にもかかわってくる。アメリカ航空宇宙局（NASA）の太陽系探査部によると[*3]——

地球の半径（km）：6,371.00
月の半径（km）　：1,737.40

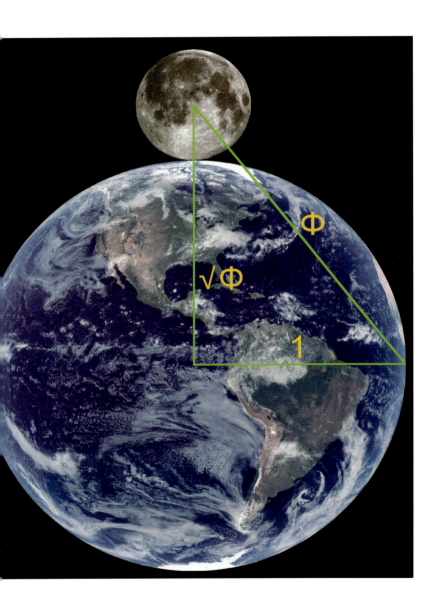

わかりやすくするために、地球と月を重ね、中心を結んでみよう。さらに地球の東端を結んで三角形をつくる。

ここで高さ（地球の半径＋月の半径）と底辺（地球の半径）の関係を見ると、どうなるか？

6,371.00 ＋ 1,737.40 ＝ 8,108.40——高さ
8,108.40 ÷ 6,371.00 ＝ 1.27270
　　　　——底辺を1としたときの高さ

ちなみに$\sqrt{\Phi}$＝約1.27202であり、0.0538％の差でしかない。

この三角形を$1 : \sqrt{\Phi} : \Phi$のケプラー三角形とみなしてはいけないだろうか？

惑星軌道

　地球は隣の惑星、金星とも独特の関係をもっている。というのも、地球が太陽を8回、金星が13回公転するあいだに、地球と金星は5回、会合し（太陽から見て、ふたつが同じ方向）、5、8、13はフィボナッチ数である。地球と金星のこの関係を図示すると下のようになり、五角形的な美しい花が描かれる。

　数値的に見れば、金星の公転周期は224.7日で、地球（365.256日）の約0.6152倍だが[*4,5]、これはΦの逆数（約0.618）と、わずか0.5％の差でしかない。

黄金の星々

2015年、ハワイ大学のジョン・リンドナーの研究班は、黄金比に近いフラクタル・パターンで脈動する一連の星々を発見した[*6]。こと座RR型変光星と思われ、年齢的には100億年、明るさはわずか12時間で200%変化する。ケプラー望遠鏡で4年間にわたり、0.5時間間隔で星ひとつを観測し、4.05時間と6.41時間の周期で特徴的な周波数をもつことが判明。その比は1.583で黄金比の2.2%以内だった。これらが"黄金の"星々と呼ばれるのは、周波数成分のうち2つの比が黄金比に近似し、脈動がフラクタルだと考えられたからである。

それを確認するために、リンドナーの研究班はさまざまな倍率でフラクタル解析した。周波数帯を替え、フラクタルに関連すると考えられる一定数以上のスパイク数を数えてみる。その結果、脈動周波数はフラクタル・パターンに一致し、分解すると弱い周波数が識別された。研究班によると、弱い周波数は複雑に入り組んだ海岸線のようなパターンで現われ、フラクタル的な脈動には不透過率など、星の表面に関する情報が含まれるだろう、とのこと。

この星々のフラクタル的現象に関し、何らかの理由、原因があるかはいまも解明されてはいない。もし解明されれば、新たな真実の幕開けになるだろう。

右ページ：ヘルツシュプルング・ラッセル図（絶対等級とスペクトル型（表面温度）の関係を色も合わせて示した恒星の分布図）における、こと座RR型変光星（RR Lyrae variables）

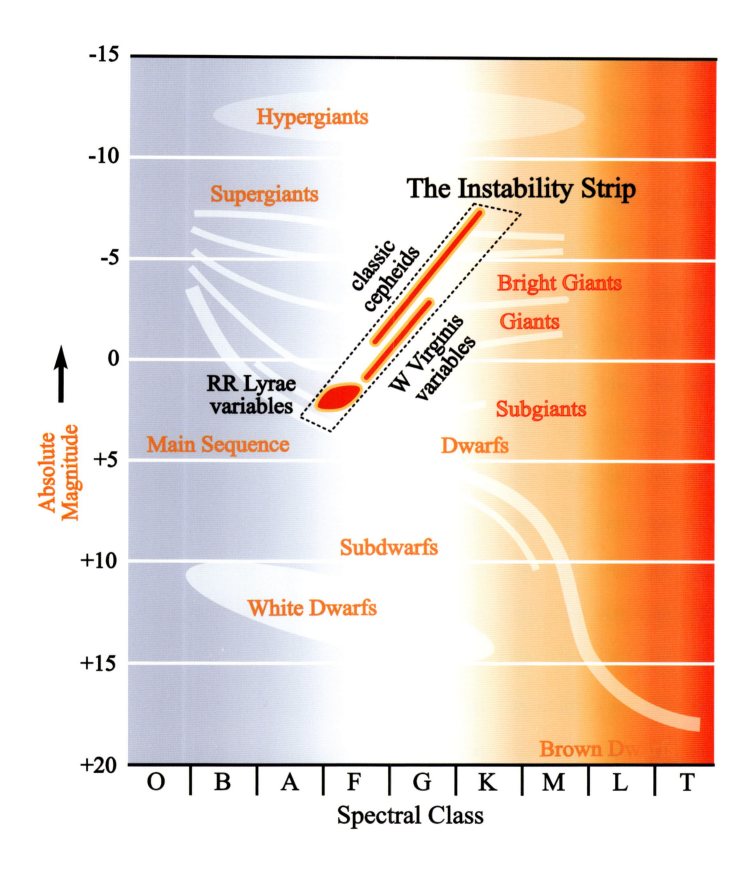

ブラックホール

中性子星より高密度で、物質はもとより光さえ逃れられないほど強い重力の天体をブラックホールという。大質量の星が崩壊したときに生じ、周囲の物質は飲みこまれてしまう。天の川銀河をはじめ、多くの銀河の中心部にはブラックホールがあると考えられ、じつにさまざまな研究がなされてきた。

1989年、英国の物理学会が出版する雑誌で[*7]、同国の天体物理学者ポール・デイヴィスは、回転するブラックホールのある状態から別の状態（たとえば熱をもつ状態から冷却状態）への遷移に、Φベースの関係が見られると指摘した。質量の二乗が角運動量の二乗のφ倍に等しいときに遷移が起こるというのだ。しかし、ほかの学者たちはこれに異議を唱えた。

Φを定数として用いたブラックホールの研究者は何人もいる。たとえば、チリのサンティアゴ大学の研究班（ノルマン・クルス、マルコ・オリバレス、J. R. ビラヌエバ）は2017年、「シュワルツシルト-コトラー・ブラックホールにおける黄金比」という論文を発表[*8]、粒子の動きにΦが現われることを示した。

また、シナロア自治大学（メキシコ）のJ. A. ニエトは2011年の論文で[*9]、ブラックホールと黄金比の驚くべき関係を明らかにした。すなわち、ブラックホールを4次元で説明すると以下のようになるというのだ。

$$\left| \begin{array}{cc} 1-\Phi & 1 \\ 1 & -\Phi \end{array} \right| = \Phi^2 - \Phi - 1 = 0$$

このなかに、私たちにも見慣れた式があることに気づくだろう。ニエトはさらに、事象の地平面（ブラックホールで、それより先の情報を得ることができない境界面）に関しても詳細な分析を行なった。

左ページ：小さな銀河の中央にある超巨大ブラックホールのレンダリング

Φに基づく?

バッキーボール (→p.195) の集合のデジタル・イメージ

広大な宇宙をあとにしてミクロの世界に向かうと、準結晶やバッキーボールをはじめ、分子・原子レベルの黄金比にめぐりあうことができる。

準結晶

　1982年、イスラエルの化学者ダニエル・シェヒトマンは、液体のアルミ・マンガン合金を急冷し、電子顕微鏡で回折像を観察したところ、それまでの結晶学の常識にはない特異なものを発見した。シャープな点の像が見られ、しかも10回対称なのだ。通常の結晶なら、2回、3回、4回、6回の対称性を示すはずであり——。じつに大きな発見だった。が、当時はまったく信用されず、シェヒトマンは研究グループを去るようにすら求められたという。しかし、その後に論文が発表されると、ほかの学者たちも再検討を始め、徐々にシェヒトマンの発見を受け入れはじめた。

準結晶について議論するシェヒトマン（左端）　アメリカ国立標準技術研究所（NIST）　1985年

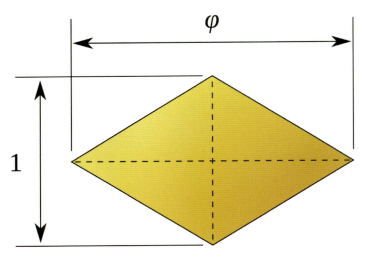

砂糖、塩、ダイヤモンドなど、結晶と呼ばれるものは対称性を示し、周期的に配列されている。しかし準結晶の場合、規則性はあっても周期性はない。原子配列がきちんとした周期をもつ結晶ではなく、かといって長距離の秩序に欠けるアモルファス（非晶質）にも属さない第三の存在なのだ。

シェヒトマンが準結晶を発見したのはアルミ・マンガン合金（Al_6Mn）だったが、ほかにも銅や鉄、チタンなど、種々の合金にも見られる。また2009年には、初めて天然の準結晶である二十面体がロシアで発見された[*10]。

ではここで、ペンローズ・タイルを思い出してみよう。2次元の5回対称性にはカイト（凧）とダーツ（矢じり）が必要だった。が、3次元では黄金菱形（対角線の比が黄金比の菱形）で構成される六面体ですむ。

そして準結晶はさまざまな形をとり、下図はホルミウム・マグネシウム・亜鉛合金（Ho-Mg-Zn）の準結晶による正十二面体である（面は五角形）。

上：準結晶の一部は、3次元の黄金菱形からなる

右：Ho-Mg-Zn合金と1セント硬貨の大きさを比較したもの。米国のエネルギー省によると、自動車部品の低摩擦コーティングに利用できる可能性が高いとのこと

192　黄金の宇宙？

発見から約30年後、ダニエル・シェヒトマンは準結晶の発見でノーベル化学賞を受賞。研究者たちはイスラムのアルハンブラ宮殿（スペイン）や、ダルベ・イマーム神殿（イラン）にも目を向けるようになる。シェヒトマンの発見により、まったく新しい立体、あらゆる次元での対称性に門戸が開かれたのだ。

下：ギリー・タイルの5パターン。ほぼ1000年のあいだ、イスラム建築で幾何学模様をつくるために使用されてきた。五角形と黄金菱形があることに注目

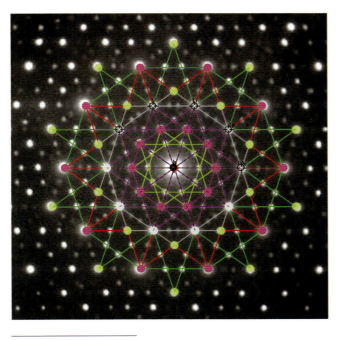

上：Ho-Mg-Zn準結晶の5回対称性。ペンタグラム、五角形など、黄金比に基づく図形が重なっている

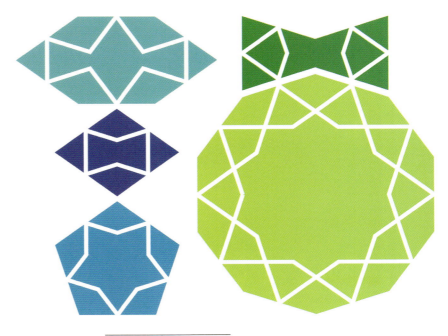

下：トゥマン・アカ廟の壁に見られるギリー・タイル。シャーヒ・ズィンダ廟群、サマルカンド（ウズベキスタン）

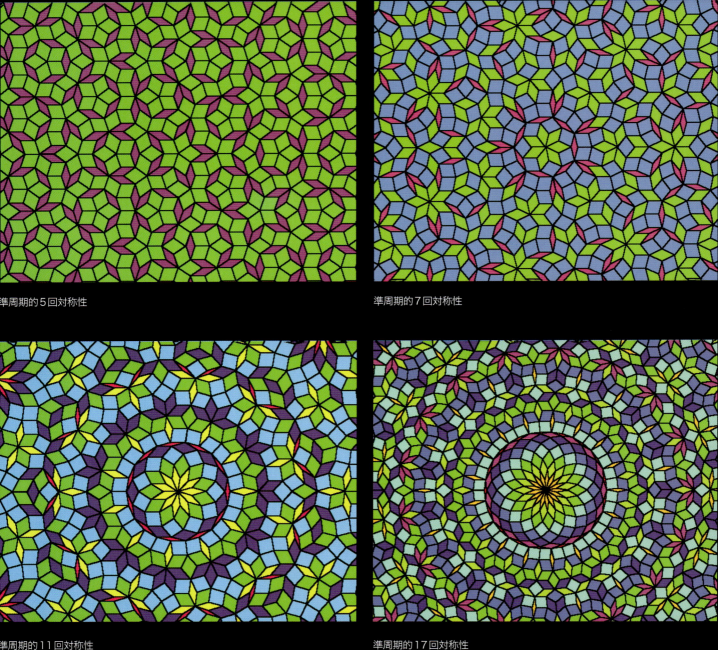

バッキーボール

　第3章で見たように、ルカ・パチョーリの"神聖比例"に関する重要な著作には、正十二面体や正二十面体など、レオナルド・ダ・ヴィンチによる3次元の立体（骨組み）が掲載されている。また、13にのぼるアルキメデスの立体もあり、そのうちひとつは現代のサッカーボールを思わせる（→p.61）。これは切頂二十面体と呼ばれ、12の五角形と20の六角形からなる。

　1985年、ライス大学の化学者たち（ハロルド・クロトー、ロバート・カール、リチャード・スモーリーら）が、この切頂二十面体の構造をもつ炭素分子（C_{60}）を発見し、"バックミンスターフラーレン"と名づけた。アメリカの建築家で、ジオデシック(測地線)ドームを考案したバックミンスター・フラーにちなんだ名称である。そしてこのバックミンスターフラーレン（"バッキーボール"ともいう）にも、正十二面体や正二十面体と同様に黄金比がからむ。たとえば、分子を3次元座標に置くと、60の頂点の座標はΦに基づいて表わせる[11]。

$$X(0, \pm 1, \pm 3\Phi)$$
$$Y(\pm 1, \pm [2+\Phi], \pm 2\Phi)$$
$$Z(\pm 2, \pm [1+2\Phi], \pm \Phi)$$

バックミンスターフラーレン（C_{60}）は、黄金比ベースの切頂二十面体

ミクロのΦ

2010年1月、オックスフォード大学のラデゥ・コルディは、固体に黄金比の特徴をもつ対称性を発見したという論文を発表[*12]。粒子は原子のスケールでは通常と異なるふるまいをし、ハイゼンベルグの不確定原理の結果として、新たな量子効果や特性を示すとした。ニオブ酸コバルトを用いた実験で磁場を印加すると、原子のチェーンがナノスケールのギター弦のようにふるまい、一連の共鳴が観測されたという。しかも、その最初のふたつの周波数比は黄金比、1.618だった。コルディはこれを偶然の一致ではなく、量子の不確定性のなかに調和がある、E_8（例外型単純リー群）の対称性を反映したものだ、としている。

E_8と黄金比には美しい関係があり、黄金比の半円を青、赤、金、白で重ねると（下図）、ノートルダム大聖堂の薔薇窓を思わせないだろうか？

右：E_8のイメージ図。1900年にイギリスの数学者ソロルド・ゴセットが発見した多胞体（4_{21}、30回対称）

197-198ページ：黄金比に基づくノートルダム大聖堂の北の薔薇窓

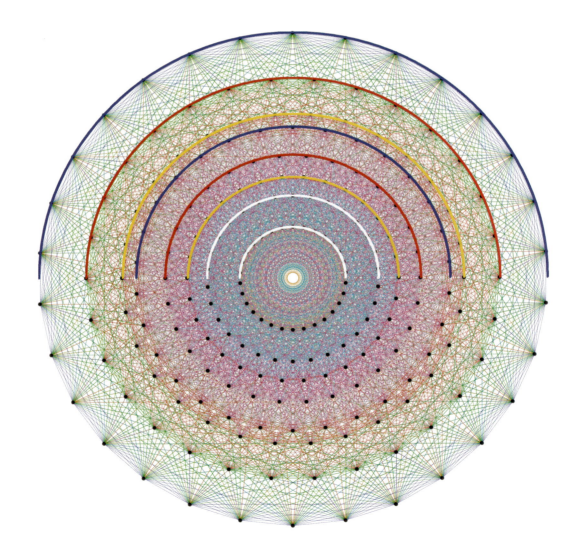

Φに賭ける

フィボナッチ数を宝くじの番号やギャンブルで利用できないか、と考える人はいる。賭けごとはしかし、そもそも運に左右されるものだから、必勝のフィボナッチ数などあるはずもない。

とはいえ、ベッティング・システム——"賭け方"なら、マーチンゲール法のバリエーションのひとつにフィボナッチ法というのがある。マーチンゲール法は倍賭け法ともいわれ、負けたら倍の金額、また負けたら倍……を勝つまでくりかえすやり方で、コイン投げなど、確率2分の1の賭けで使われることが多い。そしてこの賭け

コンピュータサイエンスの世界では、フィボナッチ数列はソートされた配列やリストから特定データを探すアルゴリズムに使われている。また、優先度付きのキューとして知られるフィボナッチヒープというデータ構造（ヒープ）もパフォーマンスがよく、最短路問題などで利用される。

本書ではここまで、黄金比とフィボナッチ数を芸術や自然界で観察してきたが、現代では株式をはじめとする金融世界でもふつうに見られるようになった。

たとえば相場の分析では、戻りや目標値などを予測す

回数	賭け金と勝敗：例1	例2	例3
1	1を賭けて×	1を賭けて×	1を賭けて○
2	1を賭けて×	1を賭けて×	1を賭けて○
3	2を賭けて○	2を賭けて×	1を賭けて×
4	—	3を賭けて○	1を賭けて×
5	—	—	2を賭けて○
合計損益	損益0	損1	益2

金パターンをフィボナッチ数列に従うのがフィボナッチ法で、カジノやオンライン・ルーレットで使われる。負けたら倍賭けではなく、前2回の合計を賭けるのだ（勝てばもとにもどす）。ただこの場合、マーチンゲール法の賭け金より少なくはなるものの、それまでの損失をすべてカバーすることにはならない。

当然ながら、賭け方と勝率は無関係である。それに何より、カジノや宝くじの楽しみは結果がわからないところにあるのでは？　それでも賭け方を考えることで、負け幅を多少は変えることができるかもしれない。

るのに使われている。

金融市場には、年単位にわたる大きな経済サイクルのパターンがあり、そこに黄金比やフィボナッチ数が見られることもあれば、ときにはそれが1日の動きを映していたりもする。そう考えれば、1日や週単位の動きと、より長い期間にわたる動きはフラクタルだと見なせるのかもしれない。このような波が高値と安値のタイミング、価格抵抗のポイントを決めるという専門家もいる。

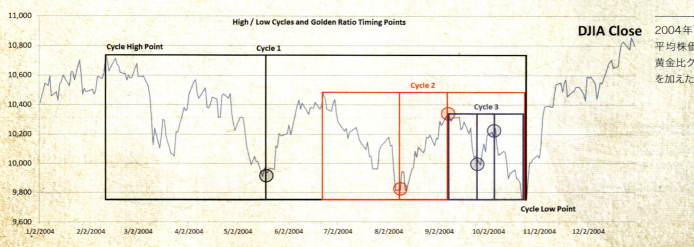

2004年のダウ平均株価[*13]に、黄金比グリッドを加えた

下の図はダウ平均株価の推移だが[*14]、2007年の終わりから2008年末までの最高値と最安値をくくると赤いラインになり、抵抗線のポイントが黄金分割線に重なる。4月から7月中旬までの下落は黄金比ポイントで止まり、その後は跳ね返ったものの、ふたたび抵抗線を越えて下落、変動後に黄金比ポイントでピークに達する。もちろん、このような過去の実績からたどるのは簡単だが、アナリストは将来の傾向を予測するときも、過去データに加えてテクニカルな指標を活用している。
　いうまでもないが、黄金比を使えばかならず芸術の傑作ができるわけでもなく、金融市場でもツールのひとつにすぎない。投資家はさまざまな手法を駆使してリスクを管理し、ツールは日々改良され、多角的な分析は必須といえる。
　数理心理学者ヴラジミール・A. ルフェーブルは、金融市場に見られるパターンは単なる偶然の結果ではないとし、その著『二極性と再帰性の心理学』[*15]で、人が何らかの考え方や意見に対して抱く肯定的、否定的評価はそれぞれ61.8％、38.2％——黄金比に近づくことを示し、人の意見や評価、期待を反映する株価の変動と関連性があるとした。

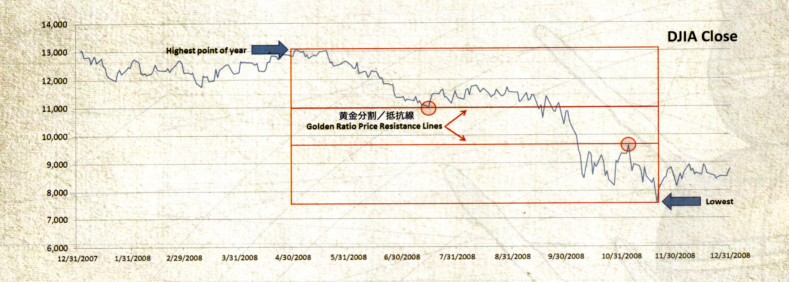

黄金の疑問

　過去二千年余の発見をふりかえると、私たちの宇宙は数学的法則に従っているように思える。ケプラーの法則、アインシュタインの相対性理論、読者がこのページを読むときになくてはならない光の科学……。この世界で経験するさまざまなことは、数学によって記述することができるのではないか。

　黄金比については、数多の数学者、芸術家、デザイナー、生物学者、物理学者、さらには経済学者たちが、その独特の美しさに想像力を刺激されてきた。歴史に名を残す絵画や建築には黄金比が潜み、すべてとはいわないまでも、非常に多くの箇所で見つけることができるのは驚きというほかない。技術の進歩と知識の拡大にともなって、私たちをとりまく世界にはもっと多くの黄金比が潜んでいることが明らかになっていくだろう。

　意見はさまざまある。何もかも黄金比で説明可能と唱える人もいれば、本書で例示した内容すらまったく信用できないと拒否する人もいるだろう。読者のみなさんには、自分の目で見て考え、検討し、自分なりの結論を導いてほしい。

　それにしてもなぜ、ここまで極端な意見があるのだろうか。古代ギリシアの数学者が著書のなかで、幾何学に関連して示したたったひとつの比が、なぜ、どのようにして、長い歳月にわたる広範で熱い議論を引き起こしたのか？　答えはおそらく、黄金比が生命や哲学にかかわる根本的な疑問に触れるからだろう。自分たちをとりまくものの構造に共通の要素があると知ったとき、しかもそれが自分の予想だにしないこと、すぐには理解困難なものであったとき、ひょっとするともっと深い何か、もっと大きな何かが隠れているのでは、とさらなる疑問が生じるにちがいない。あるいは逆に、適応と最適化の自然なプロセスがあちこちで、それもたまたま合致したにすぎない、と考えるかもしれない。人にはそれぞれ、自分の見聞きしたものを解釈する思考体系、信念体系があり、いくら反対の証拠を示されても、そう簡単には崩れない。我々はどこから来たのか、我々は何者か、我々はどこへ行くのか——。人としての根源的な問いかけは、いつの時代にもあるものだ。

黄金比には、いわば普遍的な反応を導く力、見る者に"美しい"と感じさせる力がある。代数や幾何学にその美を見ることもあれば、黄金比とは意識しなくても、自然のなかや人の面立ちに感じとることもあるだろう。またときには、描き手が無意識のうちに、絵画やデザインに込めていたりする。

　感動するかどうかはさておき、人はどのようにして"美"を感じとるのだろう？　人はなぜ、生まれながらにして美を感じ、それを表現しようと思うのか。進化論的には、美しさは健全さを表わし、伴侶であれ果実であれ、健全なものに引き寄せられるのは生存と繁栄につながるらしい。たしかにそうなのかもしれないが、夕焼けや星々のきらめきを美しいと思い、素晴らしい絵画や歌に心が震えるのは、進化論ではどう説明するのだろう？　私たちが経験するものには、科学的説明を超越した別の側面があるように思えてならない。私は——過去の多くの人びとと同じように——黄金比を暗闇のなかの一筋の光と感じ、その光が自分をとりまく世界だけでなく、自分自身の内側をも照らし、より深い理解へと導いてくれるような気がしている。

　本書では、黄金比が認められる代表例を示したにすぎない。はるかに多くの例が過去にも、そしていまこのときも、発見されている。黄金比がどこに現われるか、それが見る者の単なる思い込みなのかどうかは、読者のみなさん自身が探索し、さまざまな側面を知り、心を開いて判断してもらいたい。

　そんな探索の旅をすれば、過去の旅人にも出会え、彼らの足跡を知ることができる。古代ギリシアのユークリッドは『原論』を著して"幾何学の父"と呼ばれ、レオナルド・ダ・ヴィンチをはじめ、ルネサンスの芸術家たちは数学と芸術を融合させた。ヨハネス・ケプラーは天体物理のパイオニアであり、ル・コルビュジエは世界の国々が融和するよう、黄金比の調和の美に基づいて国際連合ビルを設計した。そしてダニエル・シェヒトマンは、既成の概念をくつがえす準結晶を発見。ロゴデザインから量子力学にいたるまで、黄金比はあらゆる分野で顔をのぞかせる。

右ページ：フランスが誇るシャルトル大聖堂の夜景

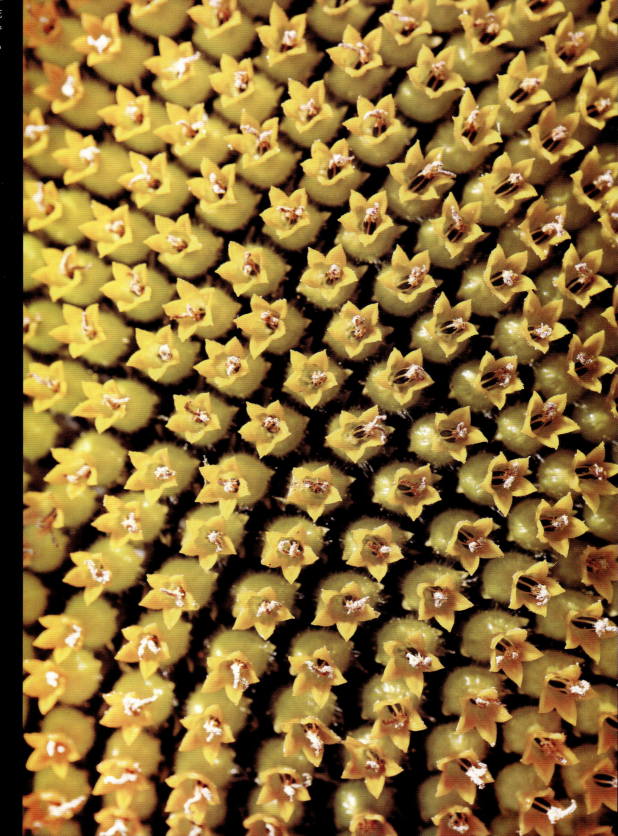

ヒマワリの管状花。花びらは5枚。自然界では"5"がいたるところに見られる

ルカ・パチョーリによる「神聖比例」という呼び名は的を射たものだった。黄金比は私たちをとりまくものの美しさや意味をより深く理解するための扉となり、秘められた調和やつながりを明らかにしてくれる。たったひとつの数が担うにはとても大きな役割だが、黄金比は人類の歴史において、また世界の、生命の基盤において、その役割を果たしつづけているのだ。

中央から黄金比で広がって
ゆくフラクタル螺旋

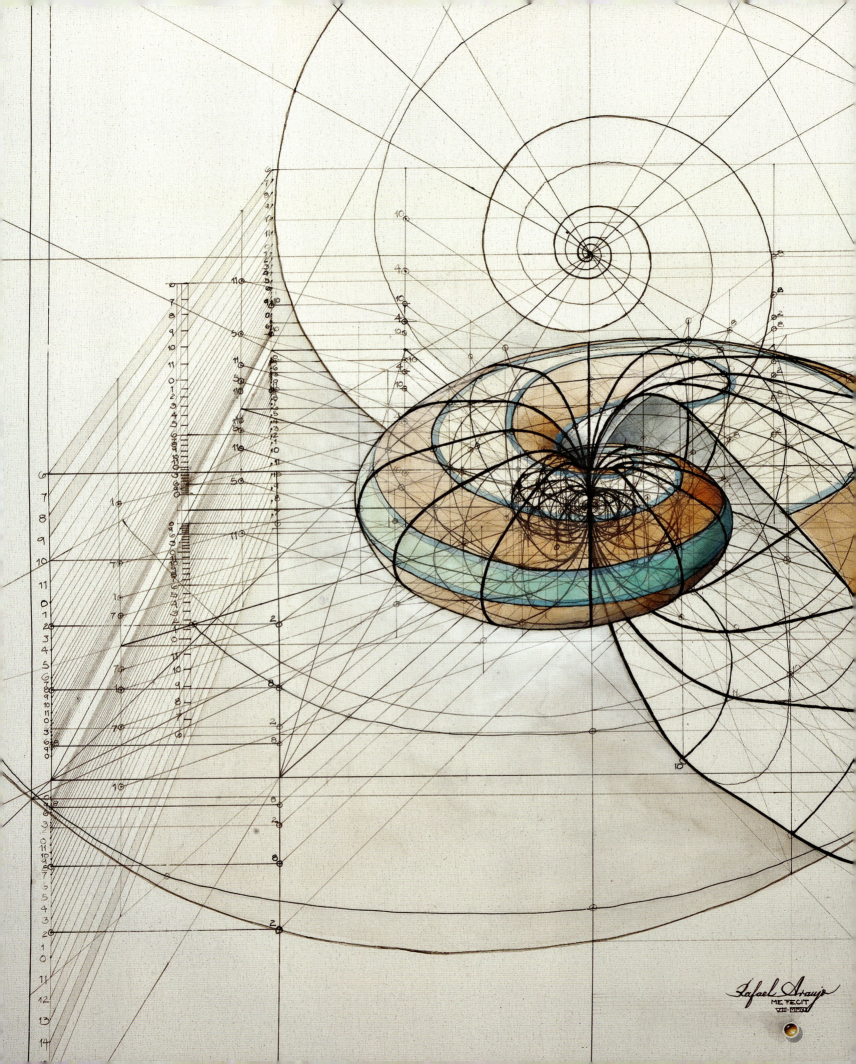

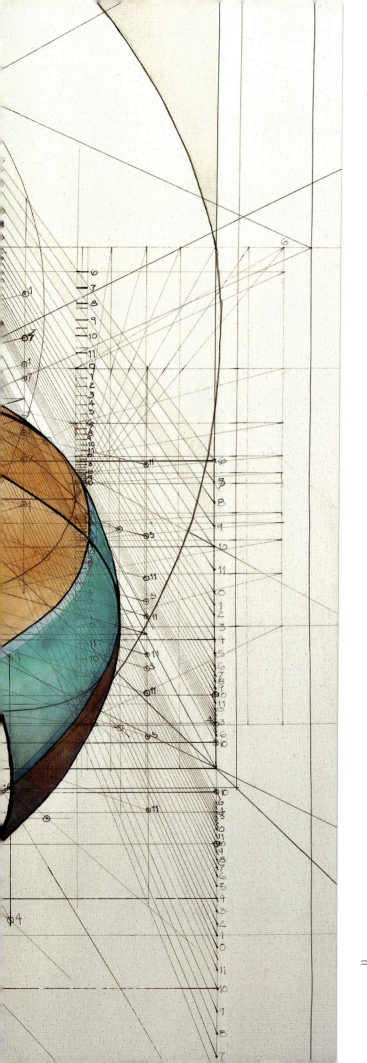

補 遺

誰であれ、求めれば受けとり、

探せば見つけ、

叩けば門は開かれる[*1]

——マタイによる福音書（7：7）

補遺A

黄金比への反論

　これまで見てきたように、黄金比は2000年を超える歳月のなか、さまざまな分野で語られてきた。そのため、包括的な知識を身につけるのは非常にむずかしく、誤った情報や誤解が生じがちとなる。私が黄金比を研究するようになってから20年ほど経つが、本書の執筆中にも新たなことを数多く学んだ。

　黄金比に関しては、尋常とはいえないほど激しい論争がある。情報があまりに多岐にわたるため、限られた一部のみをもとにして判断する場合が多いからだろう。しかし一方で、これは黄金比のもつ深い性質によるともいえる。いくら黄金比が確認されようと、単に自然界における効率化と最適化の結果でしかないのか、あるいは"造物主"の手による創造なのか——。これは大きな疑問であり、人はそれぞれ独自の信念に基づいて情報を選別し、自分なりの結論に至るだろう。だからこそ、知的で教育水準の高い人びとによる意見ほど、両極端になるともいえる。本書では、極端な傾向に流れないよう、代数と幾何におけるシンプルな事実、芸術と自然の両方で私なりに最適と思われる証拠を示したつもりである。

　黄金比に関して冷静な判断をするためには、既存の情報や主張（本書を含む）をうのみにせず、少しでも多く、少しでも深く探索するのが欠かせない。黄金比は普遍的なものであり、神の存在を示す証拠になると唱える人もいれば、黄金比など荒唐無稽、しぶとく残る迷信でしかないと切って捨てる人もいる。そこで読者のみなさんが判断する一助として、以下に主だった反論を示しておく。

黄金比を探しまくったあげく、見つけたにすぎない

　植物の一部の葉序に見られるフィボナッチ数を例外として、黄金比は代数と幾何以外に認められないと主張する著名な数学者たちがいる。自分をとりまく世界に何らかのパターンをほしがっているにすぎない、という意見だ。これは"アポフェニア"といわれ、ウェブスターの辞典によると、「無関係または無作為なもの（物やアイデアなど）に、関連性や規則性を見出す知覚作用」らしい。たしかにそうかもしれないが、もしパターンに意味があったらどうするのだろう？　人はパターンを求めるものであり、そこに科学的な思索を加え、さまざまな法則を発見してきた。問題は、パターンを探すかどうかではなく、見つけたものを評価する合理的な手法と基準があるかどうかだろう。要するに、パターンを無条件に受け入れて過剰な意味をもたせるか、あるいは検討もせずに無視するか、そのバランスをとらなくてはいけない。

無理数の黄金比は適用したくてもできない

　黄金比は無理数であるため、好き勝手に適用できないという意見である。"現実世界で無理数の黄金比にぴったり合わせるのは不可能"ということだが、これはあまりに原則主義的すぎる。線分を黄金分割できないというのだろうか？　デザインでも、黄金比は適用できる。問題はその正確さだが、それをいうなら、線分そのものの正確さはどうなのか？　黄金比であろうとなかろうと、私たちが暮らす世界で、どこまで正確に測定できるのだろう？　直径1インチの円を描くとき、1は整数であるものの、1.000000000000000000000000まで正確に描けるのか。

現実的に考えれば、小数点以下4桁以上の正確さはめったに必要とされない。それで十分、実用に耐えうるからだ。

黄金比か否かを跡づけで判断することはできない

冷静で合理的な黄金比研究に対してよく向けられる反論である。もちろん、低い精度の黄金比が1か所しかなければ、この主張にもうなずける。しかし、多数の箇所に高精度で認められたらどうだろう。人の顔にときおり黄金比が見つかる、という程度で断定するのは早計だが、何百人もの美しい顔に共通して10か所以上も認められれば、そこに意味があると考えてもよいのではないか。科学の分野も、自然界の既存のかたちを調べ、分析しながら進歩してきたのだ。本書の第3章で提示した4つの原則を再掲しておこう。

- **関連性**：分析対象の最もきわだった特徴、不可欠の要素に関連していること
- **遍在性**：黄金比と思われるものがぽつんと1か所のみではなく、他所にも確実に認められること
- **精密性**：最高解像度で高精度の分析をしても、Φの±1％以内にあること
- **単純性**：シンプルに表出していること。あるいは作り手が策を弄せず、実直に表現していること

ほかにいくらでもある無理数のひとつかもしれない

観察された数値は、黄金比に近似するだけの無理数でしかない、という反論である。しかしそうすると、巨大な干し草の山から1本の針を探さなくてはいけなくなる。黄金比に完全に一致するものを見つける確率はかぎりなく小さいだろう。これは現実的とはいいがたく、通常は識別可能かつ有意で、有限な測定値を使うものである。物理的、工学的な限界も含め、有効数字4桁か5桁で十分使用に耐えうる。ギザの大ピラミッドの元の高さは480.94フィートで、そこに黄金比が観測できれば、設計の一要素だとみなすのは合理的だろう。なにも小数点以下10桁、20桁まで合致する必要はない。

ちなみに、有効数字4桁でみた場合、Φとの差が1％未満のものは"いくらでもある"どころか、33個しかない。範囲は1.602から1.634（0.001単位）であり、これなら十分、許容範囲といってかまわないだろう。加えて、Φとほぼ同値とみなせる単純な整数の比、かつ幾何学的比率はごくわずかである。

1から50までの整数を考えた場合、比が1以上になるものは1275個ある。が、このうちΦとの差が1％未満のものは10個にすぎず、以下に数値を示しておいた（太字はフィボナッチ数）

比	小数	Φとの差
13/8	1.625	0.43％
21/13	1.615	−0.16％
29/18	1.611	−0.43％
31/19	1.632	0.84％
34/21	1.619	0.06％
37/23	1.609	−0.58％
44/27	1.630	0.72％
45/28	1.607	−0.67％
47/29	1.621	0.16％
49/30	1.633	0.95％

では直角三角形で、3辺のうち2辺が1から50の整数である場合を考えてみよう。2550の組合せがあるが、結果として得られる三角形のうち、Φと比較したときの差が1％未満のものは5つしかない。

辺A（1）	辺B（√Φ）	斜辺C（Φ）	Φとの差
8.660	11	14	−0.09％
11	**14**	**17.804**	**+0.02％**
26	33	42.012	−0.08％
28.983	37	47	+0.22％
37	47	59.816	−0.05％

古代エジプトで大ピラミッドを築くとき、もし5.5／7（＝11／14）でセケド（勾配）を決めたとすれば、正確なΦとの差がわずか0.02％しかないものを選んだことになる。なぜ古代のエジプト人はこの数値を選んだのか？ 数学的に独自の性質をもち、自然界のいたるところで見られ、美しさに通じるこの数値を？

黄金比はこのように、"ほかにいくらでもある"無理数ではない。芸術家や建築家が、黄金比に近いだけでまったく無関係な比を選択する可能性はきわめて小さいといえるだろう。どうか、上の数字をよく見て、有力な選択候補になるかどうかを考えてほしい。それ自体に特別の意味があり、Φとは無関係に選択するほどの価値があるだろうか？

もう一点、指摘しておきたいのは、Φはいくらでもある無理数の単なる仲間ではない。それどころか、代数や幾何、生命、自然の世界において、ほかにはない性質をもつ異色の数のひとつである。黄金比がもたらす配置の効果、視覚的な調和と美しさは、ほかの数値とは比べものにならないだろう。古代より、黄金比は自然と深いかかわりをもち、美と調和をもたらすとされてきた。そう考えれば、Φとたかだか1％未満の違いしかない作品を見たとき、作者は黄金比を使おうとしたのだと考えてもよいのではないか。あえてべつの比を選ぶのなら、微小な差ではなく、まったく異なるものを選んでもよいはずだ（2の平方根の1.141、あるいは1.5、3の平方根の1.732など）。

古代のエジプトやギリシアの人びと、ダ・ヴィンチやスーラ、母なる自然、あるいは神自身が署名した告白文でもないかぎり、黄金比が意図的に使われたことは証明できない。だからこそ、手に入れられるものを解析し、最大限に論理的、合理的な結論を出すしかないのだ。物理的世界は数学に基づき、黄金比は数学で広範に論じられる。とりたてて論じられないほかの数多の無理数が、この世のシンプルで基本的な側面に、はたしてどんな役割を果たしているのか——。疑問に思うのは自然なことだろう。

その芸術家は黄金比を適用したか？ 私たちにできることは作品を分析し、推測することでしかない。推理小説でいえば、手段と動機、実行チャンスがあるかどうかを考えるのだ。手段は筆やペンで、動機はおそらく単純。意識しようがしまいが、自分をとりまく美と調和の再現だろう。そして黄金比を用いるチャンスは、限りなくある。もし黄金比に抵抗感を覚え、いくらながめても適用されているとは思えない、という懐疑論者がいたら、最善の結論——黄金比——を却下する価値があるほど説得力をもつ代替案を提示してほしい。

情報源の確認

　どのような反論や論拠であれ、情報源や発信元は確認しなくてはいけない。たとえば、反論の動機は何か？　どのような視点で、イデオロギーで語っているのか？　確実な証拠に基づいているか？　また、何らかの専門知識をもっているのかいないのか。ここまで見てきたように、黄金比は広範かつ深いテーマであり、綿密な、掘り下げた研究が必要になる。数学分野の黄金比を知りたければ、等式や証明を駆使して解説する数学者を探さなくてはいけないし、それが芸術分野なら、構図の調和を求めて黄金比を適用しているアーティスト、建築家、デザイナー、写真家の意見を知るとよいだろう。"美"の追求に関しては、審美歯科や外科の専門家による分析を熟読してほしい。いずれにしても、心に留めておくべきは、数学者は一般にアートの専門家ではなく、アーティストは医学の、医師は高等数学のプロではないということだ。

　疑念を抱き、強固な主張や反論をするにはリサーチと分析が不可欠で、それがあって初めて隠れた真実が明らかになり、深い議論ができる。科学は素晴らしいツールとしてさまざまなことを教えてくれた、科学を使えば何事も解決できる、という意見もあるが、だからといって科学者が完全無欠とはかぎらない。既存の枠組みからはずれた新説が厳しく批判されるのは、ままあることだろう。500年といわず、100年前の科学知識も、現代の基準からいえば初歩的だったりもする。逆に、いま真実だと信じられていることが、100年後、500年後には粗っぽく原始的なことでしかないかもしれない。心を開いて新たな説、自分には思いもよらない考え方を見つめるか否かで、知識の道を閉ざすか開くかが左右されるのではないか——。

終わりに

　黄金比という魅力的なテーマを探究すれば、過去の偉大な人びととめぐりあい、興味の幅も広がって、さらに多くの人びとと出会えるだろう。知識が豊かになるのはもとより、視野の拡大にもつながるかもしれない。もちろん、さまざまな異論、反論が数多くあることも知るだろう。どうか、先入観なく心を開き、黄金比の例として示されるものの納得がいく点、いかない点を分析し、どのような論点にたつ主張なのかを見極めながら、"黄金の旅"を楽しんでいただきたい。

補遺B

黄金比の作図

　ユークリッドの時代、図形を描くにはコンパスと定規しか使われなかった。『原論』は2000年にわたって数学教育の基礎でありつづけたが、現代ではコンパスと定規だけで黄金比を導く方法はたくさんある。ここではそのうち最も一般的な描き方をふたつ紹介しよう。

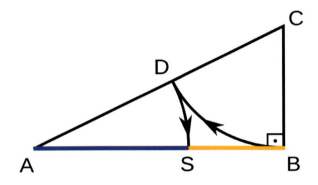

1．線分ABを引く
2．Bから垂直に、ABの2分の1の長さの線分BCを引く
3．AとCを結んで直角三角形をつくる
4．Cを中心として半径BCの円弧を描き、斜辺CAとの交点をDとする
5．Aを中心として半径ADの円弧を描き、ABとの交点をSとする

ここで、AS：AB ＝ 1：Φ

もうひとつ、コンパスと定規を使って簡単に描ける黄金比の例——

1．線分ASを引く
2．Sから垂直に、ASと同じ長さの線分SCを引く
3．ASの中点をMとする
4．Mを中心として半径MCの円弧を描き、ASの延長との交点をBとする

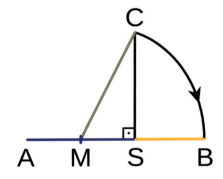

ここで、AS：AB ＝ 1：Φ

幾何的な $\frac{1+\sqrt{5}}{2}$

$\Phi = \frac{1+\sqrt{5}}{2}$ だが（→p.42）、幾何学者スコット・ビーチはこれをつぎのように描いた。

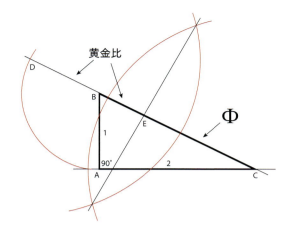

1．AB：AC＝1：2の直角三角形ABCを描く（左ページの最初の例を参照。ピタゴラスの定理から、斜辺BCは$\sqrt{5}$）
2．CBの延長線上に、BD＝ABとなる点Dをおく
3．CDの中点をEとする

CD＝$1+\sqrt{5}$で、Eは$\frac{1+\sqrt{5}}{2}$の点になる。すなわちCE＝Φで、BE：DB＝1：Φ。

円からつくる黄金比

数学者のあいだでは、最少の線分で黄金比を示す、あるいはできるだけ少ない線分でできるだけ多くの黄金比を示すことが、さながらスポーツの試合のようになっている。以下に、円を用いた例を紹介する。

接する3円

1．線分AC上に、直径1で接する円を3つ描く
　ACの長さは2になる
2．円周上のBとCを結ぶ
3．A、B、Cで直角三角形をつくる
4．斜辺BCと中央の円の交点をD、Eとする

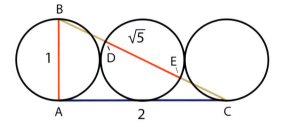

ここで、BD：DE＝EC：DE＝1：Φ

補遺B　黄金比の作図　213

3つの同心円

1．半径が1：2：4の同心円を3つ描く
2．中央の円の接線AGを引く

ここで、AB：AG ＝ 1：Φ

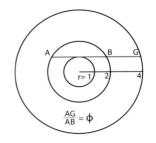

重なる4つの円

2002年、オーストリアのアーティストで作曲家でもあるホフシュテッター・クルトは、4つの円とひとつの線分で黄金比を示した（ユークリッド幾何の専門誌 "Forum Geometricorum" で発表）。

1．半径1の円をふたつ、中心（CとD）が互いの円周上にあるように描く
2．CとDを中心とする半径2の円を描く
3．ふたつの小円の交点Aと、ふたつの大円の交点Gを結ぶ

ここで、AB：AG ＝ 1：Φ

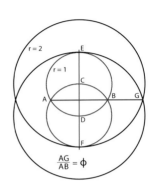

クルトは、以下の図も示した。

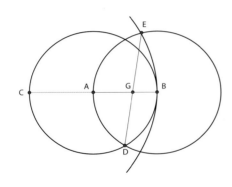

1．中心Aの円で、円周上のBを中心に同半径の円を描く
2．BAの延長と、最初の円の交点をCとする
3．Cを中心に、半径CBの円弧を描く
4．右の円との交点をEとし、2円の交点Dと結ぶ
5．ABとEDの交点をGとする

ここで、AG：AB ＝ 1：Φ

黄金の矩形

ここまでは定規とコンパスを用いた作図を示してきたが、黄金比はもちろん、四角形でも描ける。黄金長方形はアウロン（右図）といわれ、語源はラテン語で"黄金"を意味するアウラ（aura）である。正方形（赤）を2分し、できた長方形の対角線を半径とする円を描くと、黄金長方形の頂点が決まる。

複雑な計算や道具を必要としないため、時代を問わず、芸術家や職人に利用されてきた。また、一辺が1の正方形から、長辺が $\frac{\sqrt{5}}{2}$、$\frac{1+\sqrt{2}}{2}$、$\sqrt{2}$ の長方形も描くことができる（1：$\sqrt{2}$ を「白銀比」という）。このような矩形のデザインへの応用は、ヴァルリー・ジェンセンのサイト（www.timelessbydesign.org）に詳しい。

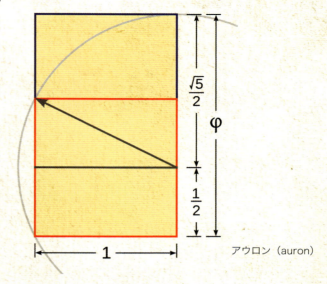

アウロン（auron）

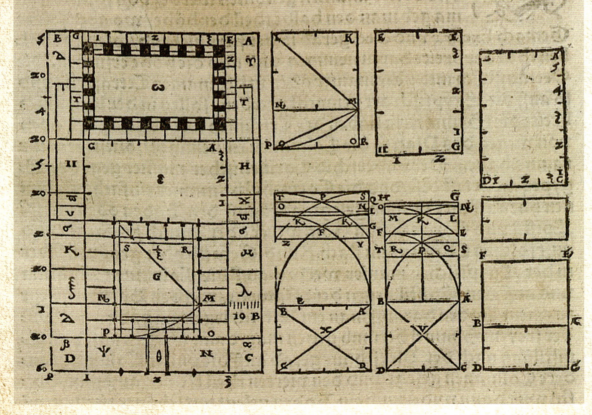

ウィトルウィウスの『建築書』のドイツ語訳（1575年版）にも白銀比が見られる（中央上）

出典および参考文献、ウェブサイト

　本書の情報は、私自身の研究だけでなく、私のサイト（www.goldennumber.net、www.phimatrix.com）を訪問してくれた人たちの協力、識者へのインタビュー、オンライン情報やさまざまな文献から得たものである。数学関連の事項を知るにはウィキペディアが簡便だが、歴史的な流れや詳細な情報を知るには、スコットランドのセント・アンドルーズ大学によるマックチューター数学史アーカイヴ（http://www-history.mcs.st-and.ac.uk/）、ウルフラム・リサーチ社の数学専門サイト（http://mathworld.wolfram.com/）がよいだろう。

黄金比全般

Herz-Fischler, Roger. *A Mathematical History of the Golden Number.* New York: Dover Publications, 1998.

Huntley, H. E., *The Divine Proportion: A Study in Mathematical Beauty.* New York: Dover Publications, 1970.

Lawlor, Robert. *Sacred Geometry: Philosophy and Practice.* London: Thames and Hudson, 1982.

Livio, Mario. *The Golden Ratio: The Story of Phi. The World's Most Astonishing Number.* New York: Broadway Books, 2002.

Olsen, Scott A. *The Golden Section: Nature's Greatest Secret.* Glastonbury: Wooden Books, 2009.

Skinner, Stephen. *Sacred Geometry: Deciphering the Code.* New York: Sterling, 2006.

序章

1. "Internet users per 100 inhabitants 1997 to 2007," *ICT Indicators Database, International Telecommunication Union (ITU),* http://www.itu.int/ITU-D/ict/statistics/ict/.
2. "ICT Facts and Figures 2017," Telecommunication Development Bureau, *International Telecommunication Union (ITU),* https://www.itu.int/en/ITU-D/Statistics/Pages/facts/default.aspx.
3. "History of Wikipedia," *Wikipedia,* https://en.wikipedia.org/wiki/History_of_Wikipedia.
4. Roger Nerz-Fischler, *A Mathematical History of the Golden Number* (New York: Dover, 1987), 167.
5. Mario Livio, *The Golden Ratio: The Story of Phi. The World's Most Astonishing Number* (New York: Broadway Books, 2002), 7.
6. David E. Joyce, "Euclid's Elements: Book VI: Definition 3," Department of Mathematics and Computer Science, Clark University, https://mathcs.clarku.edu/~djoyce/elements/bookVI/defVI3.html.

第1章

1. As quoted by Karl Fink, Geschichte der Elementar-Mathematik (1890), translated as "A Brief History of Mathematics" (Chicago: Open Court Publishing Company, 1900) by Wooster Woodruff Beman and David Eugene Smith. Also see Carl Benjamin Boyer, *A History of Mathematics* (New York: Wiley, 1968).
2. "Timaeus by Plato," translated by Benjamin Jowett, The Internet Classics Archive, http://classics.mit.edu/Plato/timaeus.html.
3. These passages and illustrations were recreated and edited based on the translations and content at David E. Joyce, "Euclid's Elements," Department of Mathematics and Computer Science, Clark University, https://mathcs.clarku.edu/~djoyce/elements/elements.html.

4. Roger Nerz-Fischler, *A Mathematical History of the Golden Number* (New York: Dover, 1987), 159.
5. Eric W. Weisstein, "Icosahedral Group," MathWorld—A Wolfram Web Resource, http://mathworld.wolfram.com/IcosahedralGroup.html.

第2章

1. As quoted at "Quotations: Galilei, Galileo (1564-1642)," Convergence, Mathematical Association of America, https://www.maa.org/press/periodicals/convergence/quotations/galilei-galileo-1564-1642-1.
2. Jacques Sesiano, "Islamic mathematics," in Selin, Helaine; D'Ambrosio, Ubiratan, eds., *Mathematics Across Cultures: The History of Non-Western Mathematics* (Dordrecht: Springer Netherlands, 2001), 148.
3. J.J. O'Connor and E.F. Robertson, "The Golden Ratio," School of Mathematics and Statistics, University of St Andrews, Scotland, http://www-groups.dcs.st-and.ac.uk/history/HistTopics/Golden_ratio.html.
4. French-born mathematician Albert Girard (1595-1632) was the first to formulate the algebraic expression that describes the Fibonacci sequence ($f_{n+2} = f_{n+1} + f_n$) and link it to the golden ratio, according to Scottish mathematician Robert Simson, "An Explication of an Obscure Passage in Albert Girard's Commentary upon Simon Stevin's Works (*Vide Les Oeuvres Mathem. de Simon Stevin, a Leyde*, 1634, p. 169, 170)," *Philosophical Transactions of the Royal Society of London* 48 (1753-1754), 368-377.
5. James Joseph Tattersall, *Elementary Number Theory in Nine Chapters* (2nd ed.), (Cambridge: Cambridge University Press, 2005), 28.
6. Mario Livio, *The Golden Ratio: The Story of Phi. The World's Most Astonishing Number* (New York: Broadway Books, 2002), 7.
7. Many interesting patterns associated with the Fibonacci sequence can be found at Dr. Ron Knott, "The Mathematical Magic of the Fibonacci Numbers," Department of Mathematics, University of Surrey, http://www.maths.surrey.ac.uk/hosted-sites/R.Knott/Fibonacci/fibmaths.html#section13.1.
8. Jain 108, "Divine Phi Proportion," Jain 108 Mathemagics, https://jain108.com/2017/06/25/divine-phi-proportion/.
9. This pattern was first described and illustrated by Lucien Khan, and the graphic below was recreated based on his original design.
10. J.J. O'Connor and E.F. Robertson, "The Golden Ratio."

第3章

1. This is possibly a paraphrase of his philosophical reflections on the prime importance of mathematics.
2. As quoted in Mario Livio, *The Golden Ratio: The Story of Phi. The World's Most Astonishing Number* (New York: Broadway Books, 2002), 131.
3. Richard Owen, "Piero della Francesca masterpiece 'holds clue to 15th-century murder'," *The Times*, January 23, 2008.

4. "The Ten Books on Architecture, 3.1," translated by Joseph Gwilt, Lexundria, https://lexundria.com/vitr/3.1/gw.

5. Jackie Northam, "Mystery Solved: Saudi Prince is Buyer of $450M DaVinci Painting," *The Two-Way*, December 7, 2017, https://www.npr.org/sections/thetwo-way/2017/12/07/569142929/mystery-solved-saudi-prince-is-buyer-of-450m-davinci-painting.

6. J.J. O'Connor and E.F. Robertson, "Quotations by Leonardo da Vinci," School of Mathematics and Statistics, University of St Andrews, Scotland, http://www-history.mcs.st-andrews.ac.uk/Quotations/Leonardo.html. Quoted in Des MacHale, Wisdom (London: Prion, 2002).

7. "Nascita di Venere," Le Gallerie degli Uffizi, https://www.uffizi.it/opere/nascita-di-venere.

第4章

1. "Georges-Pierre Seurat: Grandcamp, Evening," MoMA.org, https://www.moma.org/collection/works/79409.

2. deIde, "allRGB," https://allrgb.com/

3. Mark Lehner, *The Complete Pyramids* (London: Thames & Hudson, 2001), 108.

4. H. C. Agnew, *A Letter from Alexandria on the Evidence of the Practical Application of the Quadrature of the Circle in the Configuration of the Great Pyramids of Gizeh* (London: R. and J.E. Taylor, 1838).

5. John Taylor, *The Great Pyramid: Why Was It Built? And Who Built It?* (Cambridge: Cambridge University Press, 1859).

6. The Palermo Stone, which is dated to the Fifth Dynasty of Egypt (c. 2392–2283 BCE), contains the first known use of the Egyptian royal cubit to describe Nile flood levels during the First Dynasty of Egypt (c. 3150–c. 2890 BCE).

7. D. I. Lightbody, "Biography of a Great Pyramid Casing Stone," *Journal of Ancient Egyptian Architecture* 1, 2016, 39–56.

8. Glen R. Dash, "Location, Location, Location: Where, Precisely, are the Three Pyramids of Giza?" Dash Foundation Blog, February 13, 2014, http://glendash.com/blog/2014/02/13/location-location-location-where-precisely-are-the-three-pyramids-of-giza/.

9. Leland M. Roth, *Understanding Architecture: Its Elements, History, and Meaning* (3rd ed.) (New York: Routledge, 2018).

10. Chris Tedder, "Giza Site Layout," last modified 2002, https://web.archive.org/web/20090120115741/http://www.kolumbus.fi/lea.tedder/OKAD/Gizaplan.htm.

11. Henutsen was described as a "king's daughter" by the Inventory Stela discovered in 1858, but most Egyptologists consider it a fake.

12. Theodore Andrea Cook, *The Curves of Life* (New York: Dover Publications, 1979).

13. "Statue of Zeus at Olympia, Greece," 7 Wonders, http://www.7wonders.org/europe/greece/olympia/zeus-at-olympia/

14. Guido Zucconi, *Florence: An Architectural Guide* (San Giovanni Lupatoto, Italy: Arsenale Editrice, 2001).

15. PBS, "Birth of a Dynasty," *The Medici: Godfathers of the Renaissance*, March 30, 2009, https://www.youtube.com/watch?v=9FFDJK8jmms.
16. Matila Ghyka, *The Geometry of Art and Life* (2nd ed.) (New York: Dover Publications, 1977), 156.
17. Michael J. Ostwald, "Review of Modulor and Modulor 2 by Le Corbusier (Charles Edouard Jeanneret)," *Nexus Network Journal*, vol. 3, no. 1 (Winter 2001), http://www.nexusjournal.com/reviews_v3n1-Ostwald.html.
18. "United Nations Secretariat Building," Emporis, https://www.emporis.com/buildings/114294/united-nations-secretariat-building-new-york-city-ny-usa.
19. Richard Padovan, *Proportion: Science, Philosophy, Architecture* (New York: Routledge, 1999).
20. "Fact Sheet: History of the United Nations Headquarters," Public Inquiries, UN Visitors Centre, February 20, 2013, https://visit.un.org/sites/visit.un.org/files/FS_UN_Headquarters_History_English_Feb_2013.pdf.
21. "DB9," Aston Martin. Last modified 2014. https://web.archive.org/web/20140817055237/http:/www.astonmartin.com/en/cars/the-new-db9/db9-design.
22. "Star Trek: Designing the Enterprise," Walter "Matt" Jeffries, http://www.mattjefferies.com/start.html.
23. Darrin Crescenzi, "Why the Golden Ratio Matters," *Medium*, April 21, 2015, https://medium.com/@quick_brown_fox/why-the-golden-ratio-matters-583f6737c10c.
24. Ibid.

第5章

1. Stephen Marquardt, *Lecture to the American Academy of Cosmetic Dentistry*, April 29, 2004
2. Richard Padovan, *Proportion: Science, Philosophy, Architecture* (New York: Routledge, 1999).
3. Scott Olsen, *The Golden Section: Nature's Greatest Secret* (Glastonbury: Wooden Books, 2009).
4. Alex Bellos, "The golden ratio has spawned a beautiful new curve: the Harriss spiral," *The Guardian*, January 13, 2015, https://www.theguardian.com/science/alexs-adventures-in-numberland/2015/jan/13/golden-ratio-beautiful-new-curve-harriss-spiral.
5. "Insects, Spiders, Centipedes, Millipedes," National Park Service, last updated October 17, 2017, https://www.nps.gov/ever/learn/nature/insects.htm.
6. Eva Bianconi, Allison Piovesan, Federica Facchin, Alina Beraudi, et al, "An estimation of the number of cells in the human body," *Annals of Human Biology* 40, no. 6 (2013): 463-471, https://www.tandfonline.com/doi/full/10.3109/03014460.2013.807878.
7. Richard R. Sinden, *DNA Structure and Function* (San Diego: Academic Press, 1994), 398.
8. "Chromatin," modENCODE Project, last updated 2018, http://modencode.sciencemag.org/chromatin/introduction.
9. Edwin I. Levin, "The updated application of the golden proportion to dental aesthetics," *Aesthetic Dentistry Today* 5, no. 3 (May 2011).

第6章

1. Ari Sihvola, "Ubi materia, ibi geometria," Helsinki University of Technology, Electromagnetics Laboratory Report Series, No. 339, September 2000, https://users.aalto.fi/~asihvola/umig.pdf.
2. J. P. Luminet, "Dodecahedral space topology as an explanation for weak wide-angle temperature correlations in the cosmic microwave background," *Nature* 425 (October 9, 2003) 593-595.
3. Dr. David R. Williams, "Moon Fact Sheet," NASA, last updated July 3, 2017, https://nssdc.gsfc.nasa.gov/planetary/factsheet/moonfact.html.
4. Dr. David R. Williams, "Venus Fact Sheet," NASA, last updated December 23, 2016, https://nssdc.gsfc.nasa.gov/planetary/factsheet/venusfact.html.
5. Mercury, the innermost planet, has an orbital period of 87.97 days, about .2408 of one Earth year. This number varies only 2.0% from $1/\Phi^3$. Saturn, the outermost visible planet, has an orbital period of 10759.22 days, which is 29.4567 times one Earth year. This number varies only 1.5% from $\Phi 7$. These are, perhaps, just coincidences, but while we're at it here's one more: Take the ratio of the mean distance from the sun of each planet from Mercury to Pluto (yes, we know) to the one before it. Start with Mercury as 1 and throw in Ceres to represent the asteroid belt. The average of these relative distances is 1.6196, a variance of less than 0.1% from Φ.
6. John F. Lindner, "Strange Nonchaotic Stars," *Physical Review Letters* 114, no. 5 (February 6, 2015).
7. P. C. W. Davies, "Thermodynamic phase transitions of Kerr-Newman black holes in de Sitter space," *Classical and Quantum Gravity* 6, no. 12 (1989): 1909-1914. DOI: 10.1088/0264-9381/6/12/018.
8. N. Cruz, M. Olivares, & J. R. Villanueva, *European Physical Journal C*, no 77 (2017): 123. https://doi.org/10.1140/epjc/s10052-017-4670-7
9. J.A. Nieto, "A link between black holes and the golden ratio" (2011), https://arxiv.org/abs/1106.1600v1.
10. L. Bindi, J. M. Eiler, Y. Guan et al., "Evidence for the extraterrestrial origin of a natural quasicrystal," *Proceedings of the National Academy of Sciences 109*, no. 5 (January 1, 2012): 1396-1401, https://doi.org/10.1073/pnas.1111115109.
11. Eric W. Weisstein, "Icosahedral Group," MathWorld—A Wolfram Web Resource, http://mathworld.wolfram.com/IcosahedralGroup.html.
12. R. Coldea, D. A. Tennant, E. M. Wheeler et al., "Quantum criticality in an Ising chain: experimental evidence for emergent E8 symmetry," *Science* 327 (2010): 177-180.
13. See "2004 Dow Jones Industrial Average Historical Prices / Charts" at http://futures.tradingcharts.com/historical/DJ/2004/0/continuous.html.
14. See "2008 Dow Jones Industrial Average Historical Prices / Charts" at http://futures.tradingcharts.com/historical/DJ/2008/0/continuous.html.
15. Vladimir A Lefebvre, *A Psychological Theory of Bipolarity and Reflexivity* (Lewiston, NY: Edwin Mellen Press, 1992).

補遺

1. "Apophenia," Merriam-Webster Online, https://www.merriam-webster.com/dictionary/apophenia.

索引 Index

あ

アールボルン、アウグスト　106
アインシュタイン、アルベルト
　　　　　　　　　　22・201
アカデメイア　18
アグニュー、H.C.　96
〈アダムの創造〉　84・85
〈アテナイの学堂〉　82・83
アテナ像　103・108
〈アテナ・パルテノス〉　105
〈アニエールの水浴〉　120
アブ・カミル・シュジャ・イブン・アスラム　39・42
アポフェニア　208
天の川銀河　189
アルキメデス　26・61・178・195
アルキメデス螺旋　156
アルノルフォ・ディ・カンビオ　115
アルハンブラ宮殿　193
アルマ-タデマ、ローレンス　106
〈石割り職人たち〉　123
『五つの正多面体について』　62
『イデア論』　144
ウィトルウィウス　69・70・108・
　　　　　　　　　127・215
〈ウィトルウィウス的人体図〉
　　　　　　　　69・70・166
〈ヴィーナスの誕生〉　75・77
ヴェロッキオ　67
『宇宙の神秘』　17・30・31
『宇宙の調和』　30・182
〈エヴァの創造〉　86
エウクレイデス→ユークリッド
エルサレム神殿　61
オウィディウス　75
黄金角　147・148
黄金三角形　29
黄金長方形　31・32・46・72・82・
　　87・99・100・105・107・118・
　　120・125・140・130～132・137
　　　　　　154・157・168・215
黄金菱形　192・193
黄金螺旋　13・46・47・68・105・
　　134・144・154・157～159・161
オーム、マルティン　9
オストワルド、マイケル・J.　126
オッカムのウィリアム　166
オッカムのかみそり　166
オリバレス、マルコ　189
〈オンフルールの灯台〉　121

か

カール、ロバート　195
『絵画の遠近法論』　62
外中比　8・10・15・17・22～25・
　　　　　　　　　28・60・103
〈傘をさす女〉　123
カフラー王　93・99～101
ガリレオ・ガリレイ　37
『カルロス・フォン・リンネルスのセクシャル・システム新図解』　145
ギーカー、マティラ　120
ギザの三大ピラミッド　93～101・209
『ギザの三大ピラミッドと円の求積法に関するアレクサンドリアからの一考察』　96
『旧約聖書』　88
ギリータイル　193
〈キリストの洗礼〉　62・63
〈キリストの鞭打ち〉　62・65
グーテンベルク　19
〈クールブヴォワの橋〉　124
クック、セオドア・A.　103
クフ王　93・98～101
クラーク、カーメル　13
クラーク、ケネス　62
〈グラヴリーヌの運河、プティ・フォール・フィリップ〉　124
〈グランド・ジャット島の日曜日の午後〉　120・121
〈グランド・ジャットのセーヌ川〉　125
クリスタル、ジョージ　9
クルス、ノルマン　189
クルト、ホフシュテッター　214
クレセンジ、ダリン　139・141
クロトー、ハロルド　195
〈鍬を持つ農夫〉　123
『芸術と生命の幾何学』　120
ケプラー、ヨハネス　15・17・27・
　　28・30・31・44・45・51・53・
　　　　　　95・181・182・201・202
ケプラー三角形　27・28・95・
　　　　　　　　　96・184
ケプラー望遠鏡　186
〈原罪と楽園追放〉　85
『建築書』　69・108・215
『原論』　8・10・19・20・22・26・
　　　　　58・103・202・212
国際連合ビル　127・128・130～132
ゴセット、ソロルド　196
ゴッツォリ、ベネッツオ　76
コッホ雪片　154
『コペルニクス的天文学要綱』　30
五芒星→ペンタグラム
コルディ、ラドゥ　196
コルビュジエハウス　127

さ

〈最後の晩餐〉　59・68・69
サリー、ジェイムズ　9
〈サルバトール・ムンディ〉　72
サンタ・マリア・デル・フィオーレ大聖堂　115
サン・ピエトロ大聖堂　56・89
三分割法　134・135・141
サン・マルコ大聖堂　78
シェヒトマン、ダニエル　191～193・
　　　　　　　　　　　　　202
ジェフリーズ、マット　138
シェルピンスキーのギャスケット　154
「思考節約の原理」　166
〈醜女の肖像〉　177
システィーナ礼拝堂　84・88
『自然の芸術的形態』　153
〈慈悲の聖母〉　62・64・65
シムソン、ロバート　45

シャー・ジャハーン　118
シャルトル大聖堂　111・114・202
〈受胎告知〉（カステッロ）　78
〈受胎告知〉（ダ・ヴィンチ）66～68
〈受胎告知〉（プーシキン美術館所蔵）
　　　　　　　　　　　　78
〈受胎告知〉（ボッティチェリ）
　　　　　　　　　　77・78
シュティフト教会　114
「シュワルツシルト-コトラー・ブラックホールにおける黄金比」　189
準結晶　7・190～193・202
「女王のピラミッド」　101
『植物の葉に関する研究』　145
『初等純粋数学』　9
『神聖比例論』　59～62・66・72・
　　　　　　　74・75・82・195
『人体比率の新原則』　144
〈神殿のフリーズを友人に見せるフェイディアス〉　106
スーラ、ジョルジュ　91・120・125・
　　　　　　　　　134・210
数学根　49
〈スタートレック〉　138・139
ストラディヴァリ、アントニオ　136
ストラディヴァリウス　136
スフィンクス　93・102
スミス、ジョン・トマス　134
『スムマ』　59
スモーリー、リチャード　195
〈聖なる黄金比彫刻〉　13
『生命の曲線』　103
ゼウス神殿（ゼウス像）　103
染色体　171
ゼンパー、ゴットフリート　108
〈洗礼者ヨハネ〉　12
『創世記』　87
ソーントン、ロバート・ジョン　145
『算盤の書』　39・41・42・45

た

タージ・マハル　118

221

『代数学』	39	バックミンスター・フラーレン→バッキーボール		ベルヌーイ、ヤコブ	156	リュカ、エドゥアール	45
『代数学入門』	9			ヘロドトス	96	リンカーン、エイブラハム	19
対数螺旋	47・68・144・156・157・159・161	パドヴァン、リチャード	127	『変身物語』	75	リンドナー、ジョン	186
〈大地と水の分離〉	86	ハリス、エドムンド	154	ペンタグラム	17・22・29・34・35・53・149・154・193	リンブルク大聖堂	114
大プリニウス	145	ハリスの螺旋	154	ペンローズ、ロジャー	34	ル・コルビュジエ	126～128・130・132・134・144・202
ダ・ヴィンチ、レオナルド	12・55・58～61・66～69・72・74・82・127・132・134・137・149・150・166・195・202・210	パルテノン神殿	46・103・105～108	ペンローズ・タイル	29・35・192	ルフェーブル、ヴラジミール・A.	200
		ビーチ、スコット	213	ボッティチェリ	58・75～77	ルミネ、ジャン-ピエール	183
		ピエロ・デラ・フランチェスカ	58・62・74	ボネ、シャルル	145	レヴィ、サラ	140
		ピタゴラス	16・17・27・29・30・149			レヴィ、ルース	140
『ダ・ヴィンチ・コード』	66	ピタゴラス三角形	28	**ま**		レヴィン、エディ	169・178
ダッシュ、グレン	99・100	ピタゴラスの定理	15・27・95・96・213	マーチンゲール法	199		
ダムブラン、ジャン	16			マサイス、クエンティン	177	**わ**	
ダルベ・イマーム神殿	193	ピタゴラスのリュート	154	マルクワルト、スティーヴン	143・169・173	〈若き王の行進〉	76
タレンティ、フランチェスコ	115	ピュリッツァー賞	19				
「知恵の館」	38	ビラヌエバ、J.R.	189	マルクワルト・ビューティ・マスク	173	**英字**	
ツァイジング、アドルフ	144	ピラミッド	93～102・184・209・210	ミケランジェロ	56・58・82・84・85・87・89・132	DNA	7・171～173
ディズニー、ウォルト	137					NASA（アメリカ航空宇宙局）	161・184
デイヴィス、ポール	189	「ファイ・コレクション」	140	ミレイ、エドナ	19	NIST（アメリカ国立標準技術研究所）	191
『ティマイオス』	17・183	フィボナッチ、レオナルド	39・41～43・45・103	ミレー、エメ	105		
デカルト、ルネ	68・156			無限小数	9	PhiMatrix	8・11・57・62・82・134・162・168・169・174
テダー、クリス	99・100	フィボナッチ数（列）	37・39・42～50・52・130・145・146・149・154・166・169・185・199・208・209	ムムターズ・マハル	118		
デューラー、アルブレヒト	58			無理数	9・31・131・208～210	WMAP（ウィルキンソン・マイクロ波異方性探査機）	183
デル、スーザン	140			メストリン、ミヒャエル	28・51		
デル、マイケル	140			メリタテス1世	101		
『田園風景に関する考察』	134	フィボナッチ法	199	メンカウラー王	93・99～101		
〈東方三博士の礼拝〉	77	フェイスリサーチ	167・169	モーリス・ド・シュリ	111		
		フェイディアス	103・105	モデュロール	126～128・132		
な		〈フェイディアス〉	105	〈モナ・リザ〉	46・68・72		
ニーマイヤー、オスカー	127・130・131	フォーゲル、ヘルムート	146				
ニエト、J.A.	189	プトレマイオス1世	19	**や**			
『二極性と再帰性の心理学』	200	フラー、バックミンスター	195	『約分と消約の計算概要』	38・39		
二重螺旋	171	フラウィア、ユリア	174	ユークリッド	8・10・11・17・19・22・26・58・60・103・202・212・214		
ネフェルティティ	174	ブラウン、ダン	66				
〈ノアの泥酔〉	87	フラクタル	154・166・186・199・205	ユストゥス	19		
ノートルダム大聖堂	109・111・196			ユニテ・ダビタシオン→コルビュジエハウス			
ノーベル化学賞	193	ブラックホール	189	ユリウス2世	56・89		
		プラトン	17・18・144・149・183				
は		プラトン（5つの）立体	17・30・34・149・182	**ら**			
バー、マーク	103	ブレイディ、オリヴァー	13	ラグランジュ、ジョゼフ-ルイ	50		
ハイゼンベルク	196	『プロポーション：科学、哲学、建築』	127	ラ・トゥーレット修道院	127		
白銀比	215			ラファエロ・サンツィオ・ダ・ウルビーノ	56・58・82・132		
パスカル、ブレーズ	44・45	ブロンニコフ、フョードル	16				
パスカルの三角形	44	ブルネレスキ、フィリッポ	115	ラホーリ、ウスタド・アフマド	118		
パチョーリ、ルカ	55・58～62・66・72・74・82・127・132・137・195・205	フワーリズミー	38・39	〈隆盛ギリシアの光景〉	106		
		ヘッケル、エルンスト	153				
		ヘテプヘレス1世	101				
バッキーボール	190・195	ヘヌトセン	101				

222 索引

出典 IMAGE CREDITS

Unless otherwise noted, all golden ratio gridline overlays are © Gary Meisner / PhiMatrix.

© Bridgeman Images
20–21; 40–41; 80–81 (bottom)

© Gary Meisner
10–12; 17 (top left); 22–28; 29 (top left); 31 (bottom); 34; 44; 46-47 (top); 48; 50–51; 53, 57; 95–96; 99–102 (left); 134; 137–139; 147 (bottom); 154 (bottom); 157–159; 166; 184; 199–200, 213-215

Courtesy Wikimedia Foundation
8; 12 (bottom); 16 (left) Wellcome; 17 (bottom); 18; 19 (right) Folger Shakespeare Library Digital Image Collection and (left); 27 (right); 29; 30; 32 user DTR; 33 user Levochik; 38; 39 The Bodleian Library, University of Oxford; 43 user Sailko; 45 Wellcome; 47 (bottom) Silverhammermba & Jahobr; 49 (graphs) user Parcly Taxel; 50 (left) Wellcome; 56 Alexander Baranov; 58–61; 63–65; 66–67; 68–69; 73; 74–79; 82–83; 84 (bottom user Qypchak); 85–87; 88 (bottom); 94 Library of Congress; 97 user Nephiliskos; 98 user Theklan; 102–104; 106; 108; 109 users Zachi Evenor and Julie Anne Workman; 111; 112 PtrQs; 114 (top) user Hubertl; 114 (far right) user DXR; 115–116 user Fczarnowski; 118 Dennis Jarvis; 119 © Yann Forget / Wikimedia Commons / CC-BY-SA-3.0; 120–125; 127 (bottom) Manfred Brückels, (top) user AbseitsBerlin; 136 Tarisio Auctions; 145 (left) Wellcome; 146 (bottom) user Cmglee; 150; 152 (far bottom right) Biodiversity Heritage Library; 153; 154 (top right) user Prokofiev; 156; 160 NASA; 161 (top upper left) NASA and The Hubble Heritage Team (STScI/AURA); 172 user Mauroesguerroto; 174 (left) Wolfgang Sauber; 177; 182; 185; 187 user Rursus; 188 NASA/JPL-Caltech; 191 Phillip Westcott, National Institute of Standards and Technology; 192 (top) user Pbroks13 (bottom) U.S. Department of Energy; 193 (top right) user Jgmoxness, (top left and bottom) user Patrickringgenberg; 196 user Jgmoxness/Gary Meisner, 212-214, 215

© Oliver Brady, 13

© Artist Rights Society (ARS), New York/ADAGP, Paris/Foundation Le Corbusier (FLC), 128

© Wayne Rhodes. Retrieved from http://waynesquilts.blogspot.com/2014/04/pythagoras-lute.html, 154 (top left)

© DeBruine, Lisa M, and Benedict C Jones. 2015. "Average Faces." OSF. October 13. osf.io/gzy7m, 167-168

© DeBruine, Lisa. 2016. "Young Adult Composite Faces". figshare. doi:10.6084/m9.figshare.4055130.v1, 169 (top)

© Collin Spears. The Post National Monitor, World of Averages. Retrieved from https://pmsol3.wordpress.com/, 169 (bottom)

© Paul Steinhardt, 194

© Rafael Araujo, Cover, 2, 6, 14–15; 36–37; 54–55; 90–91; 142–143; 180–181, 206-207, endpapers

© Shutterstock
31 (top); 71; 80–81 (top); 88–89; 92–93; 105; 107; 110; 113; 116–117; 121; 129; 131; 133, 135 Shutterstock/Gary Meisner; 140; 144; 146 (top); 147; 148; 149; 151–152; 154–155; 161–165; 170–171; 174–176; 178; 183; 190; 195; 197–198; 203–205

223

【著者】

ゲイリー・B・マイスナー *Gary B. Meisner*

イリノイ大学で会計学を専攻し、シカゴ大学でMBAを取得。数社で最高財務責任者、最高情報責任者を務めた後、黄金比に関するサイト（www.goldennumber.net）を主催、黄金比のデザイン・解析ソフトPhiMatrixを開発する（www.phimatrix.com）。現在は黄金比研究の技術・システムに関するコンサルタントとして活躍。作品分析はヴェネチアン・ホテル（ラスベガス）のダ・ヴィンチ・ギャラリーで紹介されている。

【訳者】

赤尾秀子（あかお・ひでこ）

津田塾大学数学科卒。主な訳書に『書物のある風景』『世界で一番美しい色彩図鑑』『世界を変えた24の方程式』（創元社）、『古代アフリカ』『マリー・キュリー』『アイザック・ニュートン』（BL出版）、『タイタニック 愛の物語』（二見書房）などがある。

黄金比
──秘められた数の不思議

2019年10月10日　第1版第1刷　発行

著　者	ゲイリー・B・マイスナー
訳　者	赤尾秀子
発行者	矢部敬一
発行所	株式会社 創元社

https://www.sogensha.co.jp/
本社　〒541-0047　大阪市中央区淡路町4-3-6
Tel.06-6231-9010　Fax.06-6233-3111
東京支店　〒101-0051　東京都千代田区神田神保町1-2 田辺ビル
電話 03-6811-0662

© 2019, Printed in China
ISBN978-4-422-41437-9 C0341

〔検印廃止〕
落丁・乱丁のときはお取り替えいたします。定価はカバーに表示してあります。

|JCOPY|〈出版者著作権管理機構 委託出版物〉
本書の無断複製は著作権法上での例外を除き禁じられています。複製される場合は、そのつど事前に、出版者著作権管理機構（電話 03-5244-5088、FAX03-5244-5089、e-mail: info@jcopy.or.jp）の許諾を得てください。

本書の感想をお寄せください
投稿フォームはこちらから ▶▶▶